布作迷必备的
零码布
活用指南书

Miki、Q妈、古依立、翁羚维、许心亚、邓美华　著

河南科学技术出版社
·郑州·

作者序

Q妈

对我而言，布作是最贴近生活的创作，也是最能营造氛围、培养美感的兴趣。

喜爱布作的人，在创作过程中一定也和我一样，因为对布料的迷恋，很容易就留下许多零散的碎布，于是这次特别针对这些剩余的布料进行创作，以将这些小碎布变成实用又美观的生活杂货。更希望读者也能从中获得灵感，进而设计出符合个人需求的布作。让我们一起发掘零码布更多的可能性吧。

Q妈，毕业于日本文化服装学院打版系。2009年成立卷毛妈小铺。2013年自创品牌规划中。
博客：tw.myblog.yahoo.com/wyh571201/

Miki

好想去旅行哦！

想去日本湘南海岸走走，也想去镰仓看看绣球花海，更想漫步在烂漫的京都街道……除了欣赏沿途的美景外，当然还要吃超地道的咖喱乌龙面、文字烧，还有宛如珠宝般的水果派呀；更要买许多质感极好的布作杂货。

就带着这般愉悦的心情，翻出手边剩余的零码布，将其制作成旅行必备的斜背旅行包、护照夹、相机包、药袋、化妆包、零钱包、帽子等小物后，就可以出发喽！

Miki，喜爱拼布、编织、十字绣等手作，作品呈现出清新的杂货风和可爱的童趣风，与喜欢羊毛毡的女儿乔有一间名为熊脚丫的手作杂货屋。在小屋子里，和喜爱手作的朋友们以及三只店猫，度过每一段快乐的手作时光。
博客：www.wretch.cc/blog/miki3home

翁羚维

第一次参与书籍出版，感觉既新鲜又具有重大意义。由于手作缝纫一直是自己的最爱，每当心情不好时，只要摸摸布料，听着缝纫机传来的规律又整齐的声响，心情不自觉地就平静下来了。

手作是个可以随心所欲表达自我的场域，就算是裁切布料时剩下的畸零布、手边多余的1码*（90cm×110cm）布料，都能创作出独一无二的创意布杂货。因此希望将手作带给自己的源源不绝的幸福感分享给大家。

翁羚维，毕业于台南科技大学服装设计系。曾任台湾喜佳新竹新光三越专职老师。有6年的教学经验，于2011年11月11日成立依维手作缝纫馆。
博客：tw.mybolg.yahoo.com/juju427427-juju427427

邓美华

做拼布10多年来，剩下的或是乱买的没用的布料真是太多了。除了教学最受欢迎的袋物之外，我最常做的就是抱起来柔软无比的抱枕，以及厨房必备的锅垫和杯垫了。

这次利用零碎布做了一些好用又可爱的生活用品，希望带给大家温暖浪漫的手作品。所有作品中我最喜欢的是裂布提篮，其创作灵感来自便利商店里蓝色的平面不织布提袋，计算适合的针数和绘图都花了我很多心力，希望大家喜欢。能够把积累的超多素材变成有用的物品，自己都感动得想哭了。让我们一起来实践保护地球的环保行动吧。

邓美华，手缝拼布指导员、机缝拼布指导员毕业。从事手作教学10年，开过拼布、刺绣、乡村娃娃、袜子娃娃、袋型打版等手作培训班，从教学中积累了很多带领初学者的经验和耐心，也常在博客中分享制作流程。近年来发展出独具个人风格的特色拼布作品，专于写真人像手作，参展与参加比赛成为工作重点。
博客：tw.myblog.yahoo.com/damy-handmade/

古依立

就是喜欢手作！更爱乱搞怪！即便是剩余的零碎小布片也不肯放过。

虽然不是相关科系毕业，一路从无师自通的手缝拼布到台湾喜佳的才艺副店长，就是凭着这股玩乐的思维。说也奇妙，一晃眼也将近20年了，却对手作越玩越认真，越玩越停不了手，于是在2011年11月11日，与羚维老师一起成立了"依维手作缝纫馆"，决定将这份对生活的喜悦与爱和大家分享。

古依立，曾从事拼布包包定制化的工作。2005年进入喜佳缝纫精品担任才艺老师。2008年担任桃园生活馆才艺副店长。2011年与翁羚维共同成立依维手作缝纫馆。
博客：tw.myblog.yahoo.com/sewing_ews

许心亚

从高中就读服装科，到大学又读流行设计系，我对服装创作是较为熟悉的，所以这次的作品以和服饰搭配与造型有关的小配件为主，例如领片、项链、腰带、围巾等。即使是家用的擦手巾，也是可爱的公主服样式。

介绍的作品制作方法也都尽量简单，让初学者或觉得自己手笨的朋友都能轻易上手。希望大家会喜欢这次介绍的作品！

许心亚，毕业于树德科技大学流行设计系。自小在拼布堆里长大，从高中开始攻读服装科后，就跟布料结下不解之缘。本想绝不跟着妈妈辛苦地做拼布，没想到还是走进布料的花花世界。

✛❀

*码为非法定长度单位，考虑到行业习惯，本书保留。1码约合91厘米。拼布主要使用幅宽110cm的布料，1码布的大约为90cm×110cm。零码布就是指小碎布、小布头。

目 录

PART 1
超实用必学技法

PART 2
小碎布至1码布就能完成的布杂货

PART 1
超实用必学技法

Designed by
Kayo Horaguchi

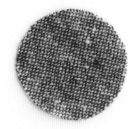

made in Japan

碎布的拼接法

裁切布料时多余的小碎布，无论是小巧的布片、长短不同的布条，还是畸零的布片……都先别急着丢掉，在这些碎布上加点巧思就能变化出新花样。

运用等宽的布片

将碎布裁切成宽度相同的布片，依个人喜好配色排列，再接缝起来，就是万用的拼接布条。

运用正方形布片

将碎布裁切成同样大小的正方形布片，可排列成花俏的组合或深沉的配色等，再依序接缝布片，于是就又变成实用的布块了。

运用多余的布片

选出较大的碎布片与适合的配色布片，将这些布片依纸型所需的造型拼接在一起，就能使作品更抢眼。

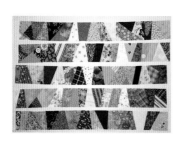

运用大小不一的畸零布

完全不需在意布片的大小和形状，只要颜色搭配对了，就接缝成所需的长度，再进行裁切，就连零碎的小布料也能再次利用。

运用零散的长布条

长短不同的碎布条，依颜色或花纹排列，相互接合，就成了一片拼接布块，再将纸型放在上方取出图案，就成了独一无二之作。

运用细长的小布条

将短短的小布条接缝在一起，就变成好用又醒目的拼接布料。

自制市售装饰配件

手边多余的布片只要加点创意，稍微设计一下，就是最好的搭配布杂货的装饰配件了。

YOYO

将布片剪成直径6cm的圆形，一边内折缝份0.5cm，一边以0.5cm的针距进行缩缝，拉紧线后在褶间打结，再穿过3个褶子隐藏线头，最后剪断缝线就完成了。

蝴蝶结

将多余的碎布片折叠出可爱的蝴蝶结，可单独做成发饰，也可做成装饰布作的可爱小物。

布花

对折布条，在折双处剪出数个牙口，接着缩缝另一布边，最后拉紧缝线就能制作出可爱的布花了。

钩织线

以等宽的碎布条为线进行环形起针，钩织短针进行加针，从而钩织出圆形图案。若想制作成球状，也可依照所需大小进行减针收尾。

绣图布

在多余的布片上，用绣线绣出自己喜欢的图案，可用作装饰布片或布标。

麻花辫绳

将长度相同的布条捻成圆条后，如同编辫子般交互编出麻花辫绳，可用作装饰带或手环。

小碎料的装饰法

不仅多余的布片可以作装饰小配件，剩余的一点点蕾丝、不织布、纽扣等小物，都能用于手作杂货上的装饰呢！

巧用手边的碎蕾丝

使用漂亮的蕾丝制作杂货时，常常会遇到只剩下一小段蕾丝的情况，这时别急着丢掉，将这些宽度、长度、花色不同的蕾丝随意缝合于作品上，更能增添作品的层次感。

巧用细碎的不织布

即便是很细碎的不织布也可以留下噢！可依剩余不织布的颜色做成布杂货的眼睛、鼻子、嘴巴，或是剪成小花、小熊等图案作为装饰。

完全不需动用针线，直接将多余的缎带粘贴在生活用品上，就能增添生活用品的美感与丰富度。

只需利用一段具有垂坠感的缎带，就能使布作更显活泼，无论是夹缝于缝份之间，还是直接压缝在布片上都非常亮眼。

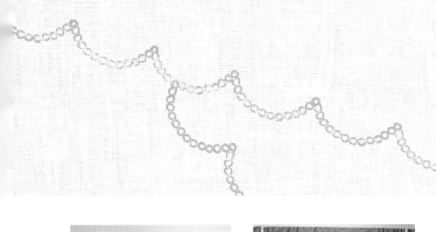

巧用剩余的小碎布

将两种多余的布片裁切成三角形，接缝在一起，作为装饰车缝于作品上。

巧用布料的边条布

将多余的布边或已经散边的边条布压缝于作品的压线或缝线上作为装饰，同时也能遮盖缝线。

巧用手边多余的小物

多余的纽扣、不织布、碎布……组合一下，就成为使作品更抢眼的重点装饰。

自制市售实用配件

许多市售的配件，其实都能用手边的碎布或小碎料制作，自己动手制作，不仅独特，还相当省钱呢！

滚边条1

裁切布料时，将剩余的长布条向内折四折后，可依作品的长度选用，作为包边、滚边的布条，既省钱又实用。

滚边条2

将多余或零碎的织带直接对折包夹布边（不需收边）处，就是耐磨又好用的滚边了。

布标

将带有花样、图案的小碎布或缎带折叠一下夹车于布作中就是带有LOGO的布标。

扣环带

将多余的帆布对折车缝后，再夹缝于作品侧边，就成了扣环带。

钩环

无论是制作皮革作品裁切时剩余的废皮，还是制作提手、饰品后多余的皮片，只要对折后以铆钉扣合即可。多了小钩环的布作，更具实用性。

绑绳

取出多余的碎布条，先在一端内折1cm，正面相对对折后，在距布边0.3~0.5cm处车缝一道，接着以竹筷子等物品辅助翻回正面，端口再内折1cm缝合，就可将绑绳运用于其他布作品上。

提带

布边内折一周，背面相对对折后压线，就制成了好用的提带。如果剩余的布条不够长，还可以接缝出所需的长度。

PART 2
小碎布至1码布
就能完成的布杂货

Designed by
Kayo Horaguchi

made in Japan

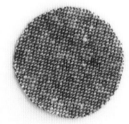

春意碎布腰带

用春天的颜色做自己的腰带，跟着季节改变心情，
不停地续接出精彩的花样年华。

制作方法 ✛✛✛✛✛✛✛✛✛✛✛✛✛✛✛✛✛✛✛✛✛✛✛✛✛✛✛✛✛✛✛✛✛✛✛

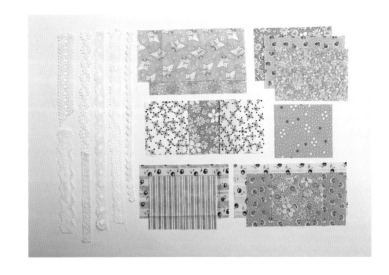

设计者 许心亚

主要材料

宽8cm的碎布（长度不限）……数片
零碎蕾丝……数条

1　将等宽的碎布依序拼接成长150cm的布条。

2　在拼接布条上随意车缝蕾丝作为装饰。

3　布条正面相对对折，如图车缝出45°的夹角。

4　如图剪掉多余的布边，翻回正面。

5　用镊子整理出漂亮的尖角。

6　布边内折1cm用熨斗烫平。

7　对折布料用熨斗烫平。

8　腰带两侧边压0.2cm线（在距布边0.2cm处压线）即完成。

✛✛✛✛✛✛✛✛✛✛✛✛✛✛✛✛✛✛✛✛✛✛✛✛✛✛✛✛✛✛✛✛✛✛✛✛✛✛

倦鸟归巢钥匙包

辛苦了一天, 钥匙是小鸟整天跳个不停的小小脚,
找到回家的路千万要记得收好, 快快让小鸟睡个觉吧。

制作方法 ✛+

设计者
·邓美华·

主要材料

表布-零碎布条……少许

里布-图案布（15cm×30cm）……1片

单胶铺棉（15cm×30cm）……1片

白色绣线……1束

铁环……1个

仿皮绳（长30cm）……1条

黄色不织布……1小片

❖ 原大尺寸纸型在附录纸型B面

▶ 拼接碎布条

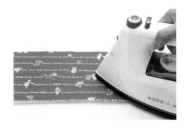

1　用熨斗烫合单胶铺棉与里布。

2　取2片布条正面相对，叠放于步骤1背面中间处进行车缝。

3　布条翻回正面以手刮平布面。

4　以相同做法（重复步骤2~3），依序接合其他布条。

5　另一边以相同方法接合布条。

6　将布条完全覆盖铺棉即可。

✛+

制作鸟身

7 将纸型叠放于拼接布上描绘图案（不含缝份），再依线条修剪出鸟形。

8 依纸型的正反面各剪裁1片。

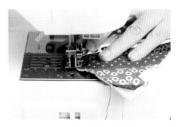

9 2片布边处分别以Z形花样车缝一圈。

10 以毛边绣绣出眼睛。

11 依纸型标出通口位置，鸟头和鸟腹各有一处通口。

12 将2片鸟形布片叠放在一起，再以Z形花样车缝一次，但不要车缝通口处。

13 步骤12车缝Z形花样时，要在恰当位置夹入一块黄色不织布作为鸟嘴。

14 利用步骤7中剩余的布剪出一对翅膀。

15 步骤14的翅膀布边处分别以Z形花样车缝一圈，以立针缝缝合于鸟身上。

16 如图将仿皮绳套在铁环上。

17 将步骤16中的仿皮绳从鸟头上的通口穿出后打结。

18 最后绑上绿色布条作为装饰即完成。

黑白布盘

典雅的黑白两色营造出简洁成熟的氛围。以六角拼布理念接缝出立体的布盘,许多小东西都可以顺手放入小布盘里。

制作方法

主要材料

单胶铺棉（9cm×10cm）……7片
七种花色碎布片（9cm×10cm）……各2片
❖ 原大尺寸纸型在P23

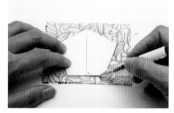

1　依纸型B分别在六种花色碎布上画出五边形；依纸型A在剩余一种花色碎布上画出六边形，每种花色只需画一片即可。

2　取出2片同种花色碎布片（其中一片已画上五边形），正面相对叠放在铺棉上沿画线进行车缝，在星号处留下2.5cm返口。

3　留0.7cm的缝份，剪掉多余的部分。

4　从返口翻回正面。

5　在距布边0.7cm处压缝一圈，再重复步骤2~5，制作6组五边形布片和1组六边形布片。

6　将六边形布片置于中间，五边形布片置于外圈，依个人喜好配色。

7　以卷针缝接合布片。

8　依序接合布片即完成。

原大尺寸纸型

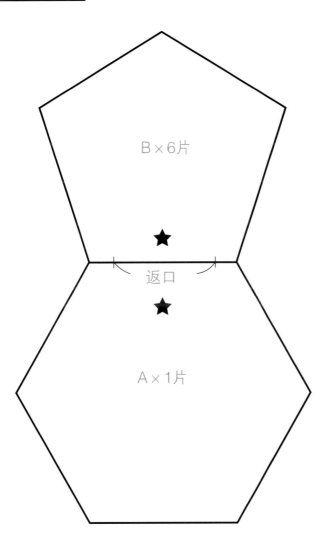

随意口金包

不分材料、规格，尽情享受随意拼接的乐趣，
似乎就是手作最理想的状态，
采用快速拼接法，就能感受到如此美好的手作过程。

制作方法 ✛✚✛✚✛✚✛✚✛✚✛✚✛✚✛✚✛✚✛✚✛✚✛✚✛✚✛✚✛✚

主要材料

小花长布条（8~10色）……数片
袋底表布−紫色棉布（17cm×17cm）……1片
单胶铺棉（17cm×17cm）……1片
袋底里布−紫色棉布（17cm×17cm）……1片
洋裁衬（17cm×17cm）……1片
前、后袋身里布−紫色棉布（28cm×14.5cm）……2片
洋裁衬（28cm×14.5cm）……2片
拉链口布表布−紫色棉布（22.5cm×9cm）……1片
单胶铺棉（22.5cm×9cm）……1片
拉链口布里布−紫色棉布（20cm×3cm）……2片
洋裁衬（20cm×3cm）……2片
单胶铺棉（8cm×34cm）……1片
拉链（长20cm）……1条
方形支架口金（10cm）……1副
拉链头尾挡片……1组
铆钉……4颗

※以上尺寸为粗裁，实际尺寸以纸型为主。另外，制作前先将洋裁衬烫贴在里布上。

❖ 原大尺寸纸型在P27（含0.7cm缝份）

设计者
翁羚维

▶ 拼接布条

1 将小花长布条接缝成长31cm以上的布片，车缝0.7cm线（在距布边0.7cm处车缝），缝份倒向同一侧。

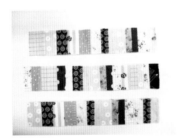

2 将步骤1完成的布片裁切成3条6.5cm×31cm的布条。

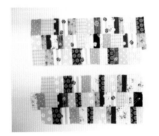

3 将3条布条接合成1片布，再重复步骤1~3制作另一片。

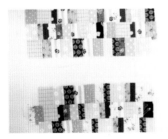

4 分别叠卜单胶铺棉、洋裁衬后，依个人喜好进行压线。

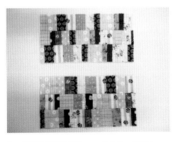

5 剪裁出2片28cm×14.5cm布片。

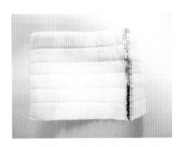

6 2片布片正面相对，两侧车缝0.7cm线，缝份以卷针缝固定，并于28cm的中心处向左右3cm画出褶子记号并固定褶子，即完成表袋袋身。

▶ 制作袋底及组合

7　将袋底表布、单胶铺棉、洋裁衬叠放在一起，依个人喜好压线。

8　依纸型画出底部，并在线内0.2cm处压缝一圈。

9　修剪出袋底表布。

10　接合袋底表布与袋身表布，缝份以卷针缝固定即完成外袋。

11　叠放拉链口布表布、单胶铺棉、洋裁衬，依个人喜好压线，剪出2片20cm×3cm的布片，短边处内折1cm，压0.7cm线。

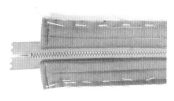

12　以水溶性胶带粘贴后连同里布一起夹车拉链0.7cm。

13　将拉链口布与表袋正面相对（拉链头朝下），车缝0.3cm线固定。

14　袋身里布的中心向左右各3cm画出褶子记号并固定褶子，2片正面相对，两侧边车缝0.7cm线，留10cm返口。

15　接合袋身里布与袋底里布，车缝0.7cm线，烫开缝份。

16　里袋套入表袋（正面相对），袋口车缝一圈0.7cm线，从返口翻回正面，以藏针缝缝合返口。

17　固定拉链头尾挡片，并置入方形支架口金即完成。

原大尺寸纸型

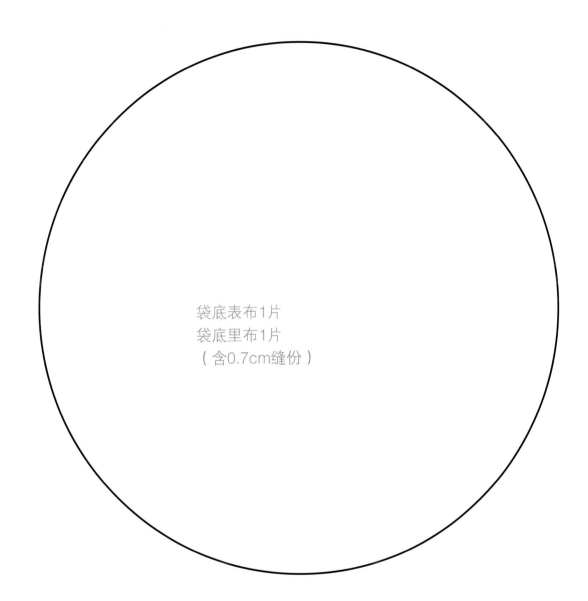

袋底表布1片
袋底里布1片
（含0.7cm缝份）

编织手环

利用畸形布片或是布边以编麻花辫的方式编织极具特色的手环。
这种印度风手环在法国也拥有极高人气呢!

制作方法 ✛✛✛✛✛✛✛✛✛✛✛✛✛✛✛✛✛✛✛✛✛✛✛✛✛✛✛✛✛✛✛✛

设 计 者
Q妈

主要材料

碎布条（长约25cm）……3条
棉绳（长约50cm）……1条
问号钩……2个
单C圈……1个
吊饰……数个

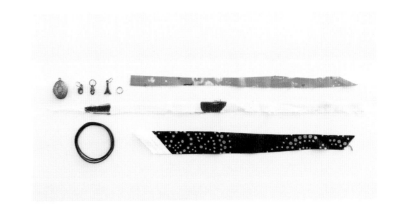

1　将3条碎布条捻成圆条状。

2　用棉绳捆紧3条布条一端后，再用白胶黏合加强固定。

3　将单C圈套入步骤2中的布条中。

4　3条布条交叉编出麻花辫绳。

5　一边编织，一边以手加强捻线的强度。

如吊饰的穿口过小，可穿入双C圈作为辅助。

6　可套入吊饰一起编织。

7　编织结尾处时，套入问号钩，用棉绳捆紧打结，涂上白胶加强固定。

8　剪掉多余的布料即完成。

✛✛✛✛✛✛✛✛✛✛✛✛✛✛✛✛✛✛✛✛✛✛✛✛✛✛✛✛✛✛✛✛✛✛✛✛

为所欲为凉被

就是喜欢自由自在!
将原本被视为废料的畸零布, 随心所欲地拼接成一件独一无二的作品, 为所欲
为的畅快感受就是如此美好。

制作方法 ✛✛

主要材料

畸零布……数片
边条布A-绿色点点棉布（107cm×12cm）……2条
边条布B-绿色点点棉布（12cm×127cm）……2条
滚边条-绿色点点棉布（6cm×510cm）……1条
配色布-浅绿色小花棉布（7cm×127cm）……4条
后背布-绿色点点棉布（110cm×147cm）……1片
美国棉……1包
纸衬（15cm×130cm）……5条

▶ 拼接畸零布

1 将纸衬的胶面朝上，取1片畸零布烫贴于纸衬上。

2 翻起布料，剪去多余的布料（要剪成直线）。

3 其他三边依纸衬尺寸外加1cm后修剪。

4 取出另一片畸零布。

5 2片畸零布正面相对，对齐布边车缝0.7cm线。

6 将第2片畸零布翻回正面，用骨笔推平缝份。

✛✛✛

7 依布料大小及个人喜好剪去多余的布料。

8 再取另一片畸零布，以相同方式车缝。

9 剪去上下两侧多余布料。

10 以相同做法接缝，车缝完所需的长度后翻至背面（纸衬朝上）。

11 折起纸衬后剪掉多余的布料。

12 以相同做法制作5条纸衬布条（主色布），分别进行整烫，让布料与纸衬完全贴合（纸衬遇热会内缩，不可使用高温或从正面熨烫），再修剪成15cm×127cm。

▶ 制作表布

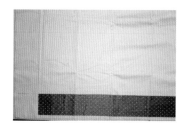

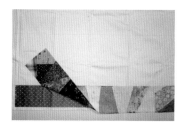

13 在美国棉凸面上以水消笔标出图中的记号线。

14 将边条布对齐美国棉上14cm处的记号线，用珠针固定。

15 取1条步骤12中完成的布条，与边条布正面相对，对齐布边，车缝1cm线。

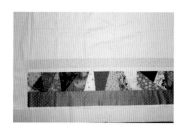

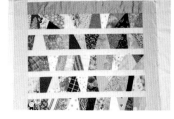

16 将主色布翻回正面，用骨笔推平缝份，再取1条配色布正面相对，车缝1cm线。

17 以相同做法车缝完表布。

18 最后2条边条布也以相同做法车缝。

▶ 组合

19 将边条布翻回正面，用骨笔推平缝份。

20 将步骤19完成的表布与后背布背面相对，以珠针或疏缝固定，沿边剪掉多余的美国棉与后背布。

21 留下制作时多余的布边条（宽约1cm），作为装饰布条使用。

22 将步骤21中的布边条车缝于边条布的缝线上。

23 将6cm宽的滚边条接合为一长条，车缝于凉被四周，缝份1cm，车缝到直角时需留0.7cm不车剪线。

24 滚边条反折45°，再反折回来与布边对齐车缝1cm线。最后将滚边条翻至背面，再以藏针缝固定即完成。

相机背带

以色彩缤纷的小碎布接合成的相机背带，耀眼的色彩就像是旅途中所遇见的绚丽景致一般。

制作方法 ✛✛✛✛✛✛✛✛✛✛✛✛✛✛✛✛✛✛✛✛✛✛✛✛✛✛✛✛✛✛✛

主要材料

斜背带-防水布（8cm×69cm）……1条
拼接布-小花布片（5.5cm×8cm）……11片
三角形金属调节扣……2个
调节扣固定皮片……2片
固定皮环……2条
皮带……2条
皮带扣（宽1cm）……2个
蘑菇钉（直径1.1cm）……4组
铆钉……4组

❖ 原大尺寸纸型在附录纸型B面（含缝份）

设计者
Miki

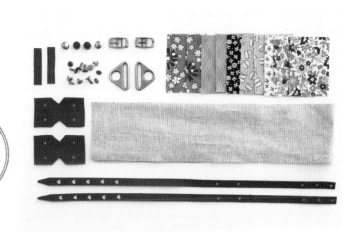

1 将小花布片拼接成与防水布等长的布条。

2 将步骤1中拼接完成的小花布条两侧边向中间折叠，防水布同法处理。

3 将小花布条缝合于防水布上。

4 以蘑菇钉将调节扣固定皮片和三角形金属调节扣钉合固定。

5 将皮带扣钉在皮带上，并在皮带上打出数个心形扣孔。

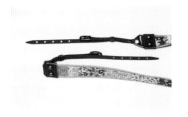

6 将皮带穿入皮环固定于三角形金属调节扣上即完成。

✛✛✛✛✛✛✛✛✛✛✛✛✛✛✛✛✛✛✛✛✛✛✛✛✛✛✛✛✛✛✛✛✛✛✛✛✛✛

化妆包

好好装扮仪容是基本的礼貌，也是专属于女孩子们的娱乐，
出门时要记得带上轻便的化妆包噢！

制作方法 ✛✛✛✛✛✛✛✛✛✛✛✛✛✛✛✛✛✛✛✛✛✛✛✛✛✛✛✛✛✛✛✛✛✛✛✛✛✛

主要材料

表布－小花布（8.5cm×8.5cm）……16片
里布－小熊图案布（直径8cm）……2片
双胶铺棉（直径8cm）……2片
包扣布－绿色点点布（直径6cm）……2片
斜布条－格子布（4.5cm×60cm）……2条
提手－粉红色皮革布（1.5cm×22cm）……2条
拉链（长25cm）……2条
日本包扣（直径4cm）……2颗
红色小扣……2颗
蘑菇钉（直径0.9cm）……4组

※以上尺寸为粗裁，实际尺寸以纸型为主。
❖原大尺寸纸型在附录纸型A面

1 将16片小花布拼接成与里布同样尺寸的表布，制作2组。接着将表布、双胶铺棉、里布3片叠放，以熨斗烫合。

2 随意进行压线。

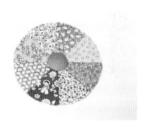

3 分别在步骤2完成的2片表布中心处缝上装饰包扣。

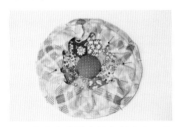

4 2片表布分别车缝上斜布条，车缝1cm线。

5 内折斜布条后，进行贴缝。

6 2片以对针缝缝合，缝至止缝点。

7 包口处手缝上拉链，两侧缝上红色小扣。

8 钉上提手即完成。

✛✛

浪漫小夜灯

美丽的大片蕾丝，层次相叠的布花与花片，创造出深深浅浅的花影，陪我慢慢地进入梦乡。

制作方法 ✖✛✖✛✖✛✖✛✖✛✖✛✖✛✖✛✖✛✖✛✖✛✖✛

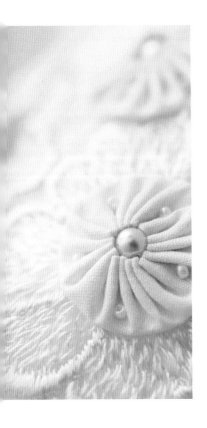

主要材料

市售灯具材料……1组
缎带……少许
珠子……少许
大花蕾丝……1片
白色浮水印花布（7cm×7cm）……3片

设计者
邓美华

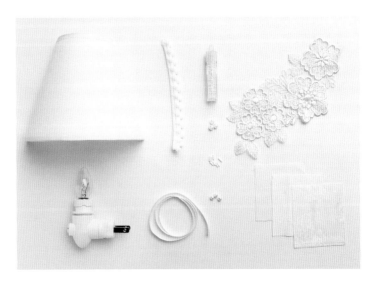

▶ 制作YOYO

1 将印花布片剪成直径6cm的圆
   形，一边内折缝份0.5cm，一边以
   0.5cm的针距进行缩缝。

2 缩缝一圈后拉紧线。

3 在褶间打结，再穿过3个褶子出针即可隐藏线头。

4 剪断缝线就完成YOYO了。

5 在YOYO下端缝上2串珠子作为坠饰。

▶ **进行装饰**

6 缝线不要拉太紧，才能保持垂坠感（同步骤1~6共制作3组YOYO）。

7 以珠子固定蕾丝片与YOYO（制作2组），另一个YOYO只需在中心装饰珠子即可。

8 在灯罩左右两侧粘贴宽0.7cm的白色缎带。

9 灯罩上方再粘贴1条缎带，两端要多出1cm，折向内侧。

10 灯罩下端粘贴点点坠饰缎带。

11 将步骤7所制作的YOYO粘贴于灯罩上。

12 装上灯泡底座即完成。

布胸花

只需剪出数个牙口，以缝线抽皱，
就能完成数个造型不同的花朵，
再搭配上剩余的亮片、珠子等小饰品，会更吸引眼球噢！

制作方法 ✛✛✛✛✛✛✛✛✛✛✛✛✛✛✛✛✛✛✛✛✛✛✛✛✛✛✛✛✛✛✛✛

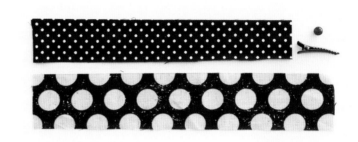

主要材料

碎布条〔(3~5cm)×20cm〕……2~3条

珠子……1颗

市售夹子……1个

1 对折碎布条。

2 于折双处剪出数个牙口（每条做法相同）。

3 以大针脚缩缝另一边。

4 拉紧缝线进行抽皱。

5 以对针缝缝合两端。

可多缝几针避免脱落。

6 步骤5外圈再以相同做法包覆另一条碎布条。

7 整理一下正面的花朵形状。

试一试

可缝上珠子或扣子作为装饰。

8 背面粘贴市售夹子或别针即完成。

✛✛✛✛✛✛✛✛✛✛✛✛✛✛✛✛✛✛✛✛✛✛✛✛✛✛✛✛✛✛✛✛✛✛

10cm的小碎布就OK!

可爱发圈

俏皮可爱的发圈，也可以当作宠物的项圈，
做法简单，效果却相当亮眼呢！

制作方法

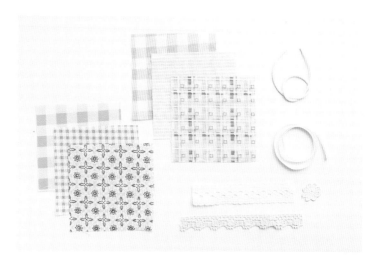

主要材料

各色花布（10cm×10cm）……6片
蕾丝……少许
花片……少许
缎带……少许
松紧带（长30cm）……1条

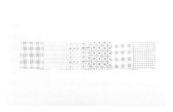

1　将6片花布接缝成长布条。

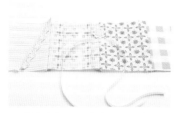

2　车缝上蕾丝、花片、缎带作为装饰。

3　如图缝合长布条头尾两端，车缝成一圈（头尾都要回针）。

4　如图先抓起上层的布料后对折。

5　再将步骤4中对折的上层布移到中间的位置。

6　接着抓起下层布料对折（此时上层的布料会被包裹在下层布中）。

7 一边车缝，一边拉出包在内侧的布料。

8 车缝至剩下一个小返口为止。

9 翻回正面后穿入松紧带。

10 拉紧松紧带后打上平结。

11 整理好返口处。

12 车缝一圈0.1cm线即完成。

小女孩拼接短裙

可爱的红色拼接小短裙,穿在小女孩身上,
随着孩子奔跑裙裾飞扬时,显露出里面打褶的纯白蕾丝,
享受纯真又充满色彩的欢乐童年!

制作方法 ✠✢✜✠✢✜✠✢✜✠✢✜✠✢✜✠✢✜✠✢✜✠✢✜✠✢✜✠✢✜✠✢✜✠✢✜✠✢✜

设计者
许心亚

主要材料

花布（10cm×10cm）……38片
罗纹布（10cm×47cm）……1片
宽版蕾丝布（16cm×35cm）……1片
水兵带〔4尺*（132cm）〕……1条

▶ 制作裙插片

1　车缝2片花布，拷克布边（锁边），缝份倒向一侧后进行整烫。

2　在距蕾丝布边0.7cm处以最大针脚车缝两道作为抽皱线。

3　拉紧缝线，对蕾丝布进行抽皱。

4　步骤1与步骤3的布片正面相对以珠针固定后，车缝0.7cm线。

5　布边处进行拷克。

▶ 制作裙身

6　缝份倒向花布，翻回正面，压缝0.2cm线。

7　完成裙插片。

8　取36片花布，排成3排12列，依序接缝花布，缝份0.7cm。

9　将布片连成一排，拷克缝份后，再接续另一排。

✠✢✜✠✢✜✠✢✜✠✢✜✠✢✜✠✢✜✠✢✜✠✢✜✠✢✜✠✢✜✠✢✜✠✢✜✠✢✜✠✢✜✠✢✜

*尺为非法定长度单位，考虑到行业习惯，本书保留。1尺约合33厘米。拼布主要使用幅宽110cm的布料，1尺布的大小约为33cm×110cm，1/2尺布的大小约为33cm×55cm，2尺布的大小约为66cm×110cm。

10 接续完3排但不要剪断线。

11 将缝份一上一下错开，然后一列列正面相对车缝。

12 拷克后缝份倒向如图所示。

13 接缝步骤12的布片和步骤7的裙插片，车缝成一整圈。

14 如图折叠固定后，进行拷克。

示意图

15 下摆往上内折1cm的缝份。

▶ 组合裙头与裙身

16 裙摆下方压上水兵带进行装饰。

17 对折罗纹布车缝成一圈，布边进行拷克，缝份1cm。

18 罗纹布与裙身腰围处制作八个平分记号点，对齐别好。

19 车缝时将罗纹布与裙腰拉成同样长度。

20 裙头宽4cm，其余内折，缝份往上倒，疏缝固定后进行落针压缝即完成。

换算技巧

裙头尺寸＝小朋友的腰围—5cm+2cm缝份

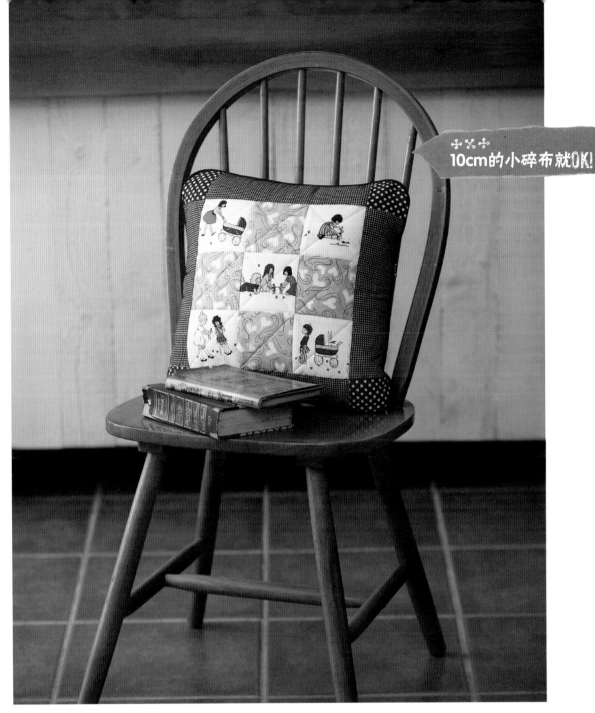

拥抱幸福抱枕

舒适的居家时光，怎么能少了温暖的抱枕呢？
运用自己喜爱的小布块拼缝出可爱的抱枕，
幸福感也随之而生。

制作方法 ✛✛✛✛✛✛✛✛✛✛✛✛✛✛✛✛✛✛✛✛✛✛✛✛✛✛✛✛✛✛✛✛✛✛✛

主要材料

上后背布-红色棉布（42cm×18cm）……1片
下后背布-红色棉布（42cm×28cm）……1片
内挡布-红色棉布（42cm×15cm）……1片
配色布-花布（10cm×10cm）……4片
配色布-图案布（10cm×10cm）……5片
边条布-红色格子布（9.5cm×28cm）……4片
角落配色布-红色点点布（9.5cm×9.5cm）……4片
包绳布（3cm×150cm）……1条
内滚边布（4cm×150cm）……1条
单胶铺棉（46cm×46cm）……1片
洋裁衬（46cm×46cm）……1片
直径0.3cm细棉绳〔5尺（165cm）〕……1条
拉链（长40cm）……1条
枕芯（45cm×45cm）……1个
※以上尺寸为粗裁，实际尺寸以纸型为主。
❖ 原大尺寸纸型在附录纸型A面（含缝份1cm）

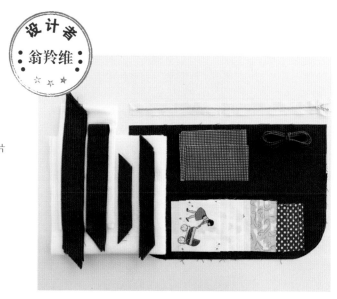

▶ 制作表布

1　花布与图案布的配色布，分别正面相对车缝0.7cm线。

2　以相同做法制作与步骤1色块排列不同的布条。

3　缝份倒向一左一右错开，接合步骤1、2所制作的布条，车缝0.7cm线，缝份倒向下侧。

4　接缝第三条布条。

5　在步骤4完成的布片上接缝上、下边条布，车缝0.7cm线，缝份倒向上侧。

6　在左、右边条布两端车缝角落配色布，缝份倒向下侧，制作2条。

✛✛✛✛✛✛✛✛✛✛✛✛✛✛✛✛✛✛✛✛✛✛✛✛✛✛✛✛✛✛✛✛✛✛✛✛✛✛

7 在步骤5上接缝步骤6中1条边条布，车缝0.7cm线，缝份倒向外侧。

8 接缝另一侧步骤6中的边条布，缝份倒向外侧。

9 在表布背面烫上单胶铺棉和洋裁衬后，使用均匀送布压布脚依个人喜好进行压线。

▶ 制作后背布

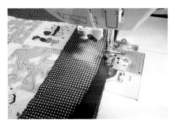

10 表布正面用水消笔依纸型画线，在线内0.2cm车缝一圈后，依纸型大小剪裁表布。

11 将细棉绳置于包绳布内，使用可调式拉链压布脚，于表布正面布边处车缝包绳固定。

12 下后背布直边处进行拷克处理，以水溶性胶带黏合拉链后，车缝0.7cm线，正面压0.5cm线。

13 上后背布直边处进行拷克处理，在布边处内折2cm，与拉链正面压1.5cm线和1.8cm线。

14 将步骤11与内挡布背面相对车缝0.3cm线。将步骤13完成的后背布与表布正面相对，车缝0.3cm线后，与内滚边布车缝1cm，内折1cm，压0.2cm线。

15 从拉链口翻回正面，置入枕芯即完成。

小可爱午安枕

将两片正方形错开缝合位置后就变成了立体的午安枕，
让粉嫩的花色营造出香甜的午睡时光吧。

制作方法 ✠✕✠✕✠✕✠✕✠✕✠✕✠✕✠✕✠✕✠✕✠✕✠✕✠✕

主要材料

布片（10cm×10cm）……8片
花片……少许
珠子……少许
棉花……少许

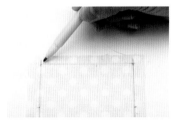

1　用水消笔在布片背面画出边长8.5cm的正方形。

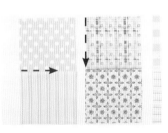

2　以点到点的方式进行车缝，如图先车缝上下，再车缝左右，缝份倒向如风车般。制作2片。

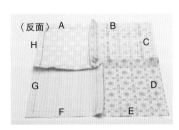

3　如图在第二片布片上标上大写英文字母。

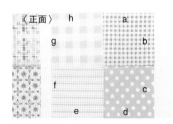

4　如图在第一片布片上标上小写英文字母。

✠✕✠✕✠✕✠✕✠✕✠✕✠✕✠✕✠✕✠✕✠✕✠✕✠✕✠✕✠✕✠✕

制作方法 ✛✛✛

▶ 组合出立体球形

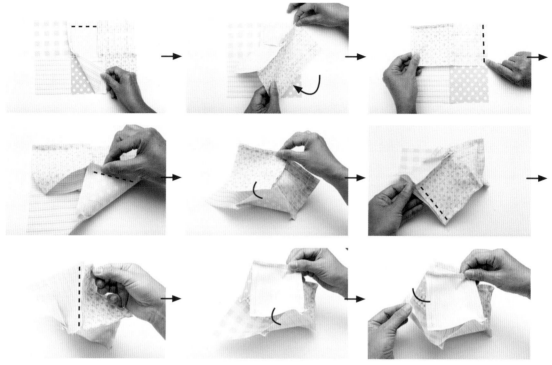

5 错开2片布，将英文大小写字母标记的布片相互对齐，一段一段车缝。

6 最后一段两端车缝约1.5cm，留下约6cm的返口。

7 疏缝返口处的缝份。

8 翻回正面后，从返口塞入棉花。

9 以长针同时穿入花片与珠子，从中心穿至另一边，来回穿两次。

10 拉紧后，先在花片下面缝一次回针，再打结即完成。

✛✛✛

好心情束口袋

利用蓝色系单宁布搭配剩余的碎布料，
制作出的手拿包，轻巧、实用又亮眼，
完全想象不到是利用废弃布料所完成的小巧作品。

制作方法 ✛✛✛✛✛✛✛✛✛✛✛✛✛✛✛✛✛✛✛✛✛✛✛✛✛✛✛✛✛✛✛✛

主要材料

左、右袋身表布-蓝色棉布（11cm×19.5cm）……
各2片

上袋身表布-蓝色棉布（26cm×5.5cm）……2片

下袋身表布-蓝色棉布（26cm×5.5cm）……2片

缩口布-蓝色棉布（24cm×4cm）……2片

提手布-蓝色棉布（6cm×32cm）……2片

袋身表布A-3种深色布（10cm×10cm）……3片

袋身表布B-3种浅色布（10cm×10cm）……3片

袋身里布-蓝色点点布（29cm×15cm）……2片

洋裁衬（29cm×15cm）……2片

细棉绳〔4尺（132cm）〕……1条

蕾丝（长20cm）……2条

※以上尺寸为粗裁，实际尺寸以纸型为主。另
外，制作前先将洋裁衬烫贴在里布上。

❖ 原大尺寸纸型在附录纸型B面（缝份为0.7cm）

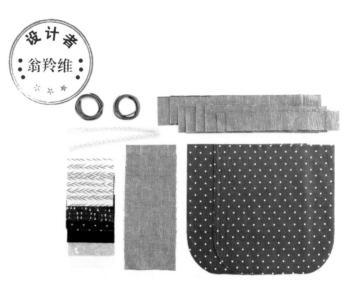

▶ 制作配色布

1　取1片深色布和1片浅色布。

2　在浅色布背面画出对角线，上、下两边各画出0.7cm的缝份线。

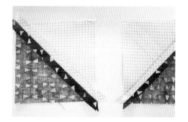

3　深色布与浅色布正面相对，车缝上、下0.7cm的缝份线，剪开对角线，烫开缝份。

4　将步骤3的2片组合布正面相对，颜色对调，再车缝对角线上、下0.7cm的缝份线。

5　剪开对角线，烫开缝份，完成2片配色布。

6　以相同做法再做2组，共制作6片配色布。

✛✛✛✛✛✛✛✛✛✛✛✛✛✛✛✛✛✛✛✛✛✛✛✛✛✛✛✛✛✛✛✛✛✛✛✛

7　将6片配色布分成2组，车缝0.7cm线，烫开缝份，完成前后袋身的配色布条。

8　取1片配色布条，将左、右袋身布车缝于两侧，缝份倒向内侧。

9　配色布条两侧车缝蕾丝，上下两侧车缝上袋身表布和下袋身表布，缝份倒向外侧。

10　依纸型修剪后，烫上等大的厚布衬，以相同做法完成另一片袋身表布。

11　拷克缩口布四边，两短边内折1cm，正面压0.7cm线，两长边内折至中心处。

12　将缩口布放置于上袋身连接线处，上下压0.2cm线，以相同做法完成另一片。

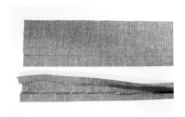

13　下方褶子倒向外侧，压0.3cm线，疏缝固定。

14　取出提手布，两长边内折1cm再对折。

15　提手布左右两侧各压0.2cm线。

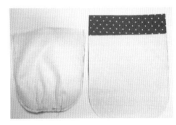

16　将步骤13中2片袋身表布正面相对，褶子相对，车缝0.7cm线，翻回正面，依纸型位置固定提手。

17　固定袋身里布下方褶子，褶子倒向外侧，将2片袋身里布正面相对，车缝0.7cm线，侧面留返口约10cm。

18　将里袋套入表袋，正面相对，袋口车缝0.7cm线，从返口翻回正面，袋口压0.2cm线，剪2条长56cm的细棉绳，穿入缩口布，以藏针缝缝合返口即完成。

公交卡包

每天上下班必用的重要小包，一定要好好保存才行。利用零碎的小布片进行拼接，再加上活动拉环，既方便实用又可爱时尚。

制作方法 ✚✢✚✢✚✢✚✢✚✢✚✢✚✢✚✢✚✢✚✢✚✢✚✢✚✢✚✢✚✢✚✢✚✢✚✢✚

设 计 者
Q妈

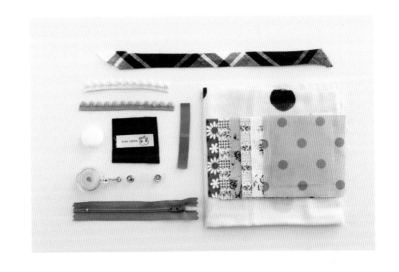

主要材料

碎布片（10cm×10cm）……6片

里布（20cm×30cm）……1片

单胶厚布衬（20cm×30cm）……1片

不织布……1小片

包扣（直径2.5cm）……1颗

拉环……1个

拉链（长10cm）……1条

透明卡片（10cm×7cm）……1片

❖ 原大尺寸纸型在附录纸型B面（需外加1cm缝份）

▶ **拼接布片**

1 根据个人喜好排列布片。

2 取第一片布片放置于单胶厚布衬上（布料背面与厚布衬胶面相对）。

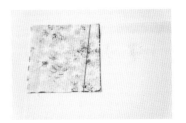

3 再取1片布片叠放于步骤2上（正面相对），以直线或斜线车缝（缝份0.5cm）。

4 剪裁多余缝份，只留0.5cm。翻回正面。

5 接着取第三片布片叠放在步骤4上（正面相对），以直线或斜线车缝（缝份0.5cm）。

6 下排的3片布料上方内折0.5cm缝份。

✚✢✚

7　下排的接合方式与上排相同（内折0.5cm侧先不缝）。

8　接缝完成后，用熨斗熨烫布料并黏合布衬。

9　依个人喜好将缎带夹车于0.5cm内折处。

▶ 制作卡套

10　取出透明卡片，用双面胶黏合缎带与滚边条（或棉织带）。

11　压缝一圈固定缎带与滚边条。

边角处要记得反折。

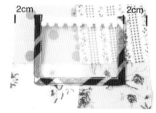

12　将步骤11叠放于步骤9中完成的布片上，距离左、右两边约2cm，将透明卡片缝制于袋身表布上固定（压0.2cm线）。

13　拉链与表布正面相对，里布正面对拉链背面后，夹车0.7cm线，车缝一道。

14　另一侧拉链也进行夹车。

15　车合两侧（缝份1cm），一侧的里布不车缝作为返口。

16　从返口翻回正面。

17　以藏针缝缝合返口即完成包身。

▶ 制作装饰

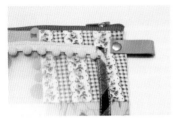

18 手边若有多余的皮片或布片，可作为钩环或布标。

19 依纸型剪裁不织布后疏缝一圈。

20 将包扣放入步骤19的布片后拉紧，以对针缝缝合。

21 剪下包扣中心的硬梗。

22 将包扣黏合于拉环上。

试一试

使用时间长了，若透明卡片有损坏或脏污，可沿边处剪下，再放入新的透明卡片即可。

笔记本

笔记本、资料夹、铅笔袋，三重功能，
所需的物品全都一并放入，携带方便又非常实用！

制作方法 ✣✚✣✚✣✚✣✚✣✚✣✚✣✚✣✚✣✚✣✚✣✚✣✚✣✚✣✚✣✚✣✚✣✚✣✚✣✚✣

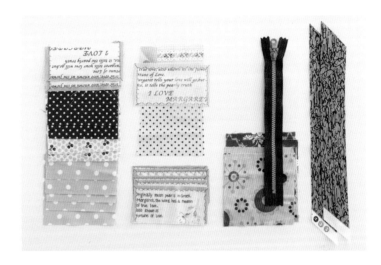

主要材料

碎布片（长、宽在10cm以内）……数片
拉链（长18cm）……1条
皮扣……1组
利用布边剪裁出的滚边条……数条
透明卡片……1片
笔记本……1个

▶ 拼接布片

1 将碎布片裁切成大小相同的正方形布片。

2 将步骤1中裁切完成的正方形布片接缝成布条，缝份0.5cm。

可将连接好的布料对折后裁开，交错使用，增加颜色的丰富度。

3 将布条接缝成所需的尺寸。

4 裁切掉头尾处的多余部分。

5 将步骤4的布片裁切出所需的尺寸（18cm×42cm2片、18cm×20cm 1片），并剪出同笔记本封面大小的透明卡片1片。

✣✚✣

6 滚边条可使用棉织带或是剪裁45°角的宽3.5cm斜布纹布料。

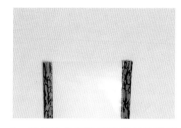

7 将滚边条车缝于透明卡片两侧（手缝者可直接用双面胶固定）。

8 将18cm×18cm的小布片正面相对对折，车合侧身0.7cm线，翻回正面。

▶ 制作功能袋

9 取出2片大片布料，正面相对，单侧车缝接合（缝份0.7cm）。

10 布料翻回正面。

11 在大片布料和小片布料（步骤8）中间放入拉链。

12 拉链与布料压线接合（距布边0.2cm）。

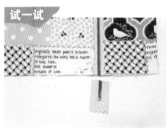

试一试

由于每个人喜欢的笔记本大小不一，若找不到合适的拉链，就先使用长一点的拉链，车缝完成后，再将多余部分剪掉。

13 反折小片的布料，中间预留约两个手指宽的松份。

14 压0.2cm线即完成笔袋。

2cm

15 缝制透明卡片。将步骤7的卡片在距离笔袋约2cm（笔记本的厚度）处进行车缝（只需车缝一侧，另一侧为开口处）。

16 大片布料的另一边车缝上滚边条。

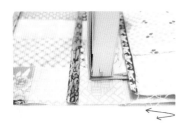

17 放入笔记本，折入方便取出笔记本封面所需的布料。

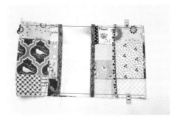

18 先用弹力夹固定，再车缝固定上下两侧。

19 取出织带或滚边条，两端内折1cm。

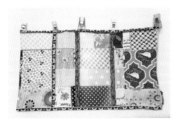

20 上下两侧进行滚边。

21 缝上皮扣即完成。

测量法

先量出笔记本的长度与宽度，长度取笔记本长度上下各加2cm的缝份（已含滚边所需1cm的缝份），宽度则是取笔记本宽度的3.5倍。

口金零钱包

出国时一定要带上一个零钱包，
将当地的钱币收纳在零钱包里，然后在转角的小店内
采买心爱的杂货以及好吃的零食。

制作方法 ✛✛✛

主要材料

表布上片－小花布（5cm×5cm）……30片
表布下片－橘色小牛皮（17cm×6cm）……2片
里布－黄色小花布（17cm×15cm）……2片
单胶铺棉（16cm×14cm）……2片
橘色口金（12cm×2.5cm）……1副

❖ 原大尺寸纸型在P68

1 将30片小布片以3排5列的形式接缝成2片表布上片。

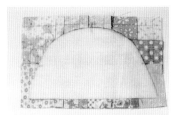

2 分别在背面烫上单胶铺棉。

3 2片表布上片分别进行压线，留下1cm缝份，剪去多余的布。

4 接合表布下片与步骤3完成的表布上片，制作2组。

5 2片表布正面相对，车缝至止缝点后剪牙口。

6 2片里布正面相对，车缝至止缝点，留出返口不车缝。

7 将表袋放入里袋（正面相对）后，从止缝点车缝至止缝点。

8 剪牙口。

9 从返口翻回正面后，以藏针缝缝合返口。

✛✛

10 用熨斗整烫包口后，对齐中心点
缝上口金即完成。

原大尺寸纸型

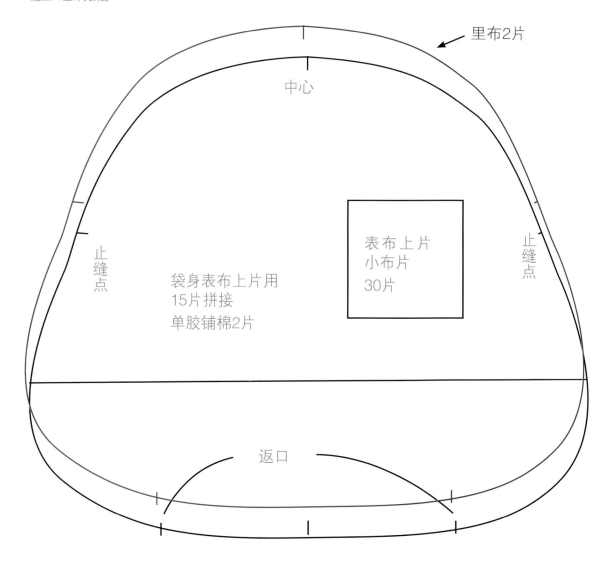

里布2片

中心

止缝点

止缝点

袋身表布上片用
15片拼接
单胶铺棉2片

表布上片
小布片
30片

返口

10cm的小碎布就OK!

小药袋

我很容易晕车，出门时一定要备齐晕车药。
如果要出远门，就连保护肠胃的药品也不能少噢!

制作方法 ✣✕✣✕✣✕✣✕✣✕✣✕✣✕✣✕✣✕✣✕✣✕✣✕✣✕✣✕✣✕

主要材料

表布前片-小花棉布（10cm×10cm）……3片
表布前片-麻布（10cm×10cm）……3片
表布后片-图案麻布（26cm×26cm）……1片
袋底表布-蓝色小牛皮（12cm×26cm）……1片
里布-条纹布（44cm×26cm）……1片
口布-条纹布（5cm×23cm）……2片
提手-蓝色小牛皮（2cm×25cm）……2条
蕾丝缎带（2cm×7cm）……1条
米白色棉绳（长60cm）……2条
白色字母片……1片

❖ 原大尺寸纸型在附录纸型A面

▶ 制作袋身

1 根据个人喜好拼接6片表布前片，再车缝上蕾丝缎带和白色字母片进行装饰。

2 拼接步骤1的表布前片与袋底表布、表布后片。

3 正面相对对折步骤2完成的表布，车缝两侧，翻回正面。

4 疏缝上提手。

5 在袋口处疏缝上口布。

6 里布正面相对对折，车缝两侧，要留下返口不车缝。

✣✕✣✕✣✕✣✕✣✕✣✕✣✕✣✕✣✕✣✕✣✕✣✕✣✕✣✕✣✕✣✕✣✕✣✕

▶ 组合

7　将表袋套入里袋（正面相对）。

8　袋口车缝一圈后，从返口翻回正面。

9　以藏针缝缝合返口。

10　将棉绳穿入口布即完成。

蝴蝶结项链

只要使用双面胶就可轻松完成的蝴蝶结，
串成一条即是甜美的布项链。

制作方法 ✛✛✛✛✛✛✛✛✛✛✛✛✛✛✛✛✛✛✛✛✛✛✛✛✛✛✛✛✛✛✛✛✛✛✛✛✛✛✛

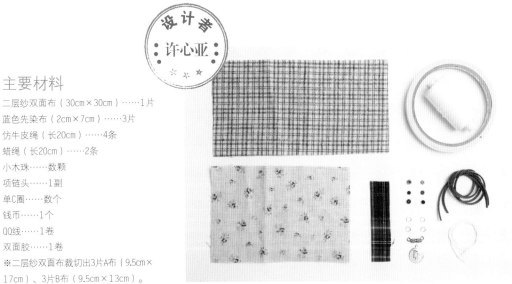

主要材料

二层纱双面布（30cm×30cm）……1片

蓝色先染布（2cm×7cm）……3片

仿牛皮绳（长20cm）……4条

蜡绳（长20cm）……2条

小木珠……数颗

项链头……1副

单C圈……数个

钱币……1个

QQ线……1卷

双面胶……1卷

※二层纱双面布裁切出3片A布（9.5cm×17cm）、3片B布（9.5cm×13cm）。

▶ 制作蝴蝶结

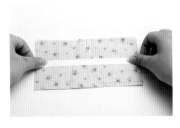

1　取出1片A布，在中间贴上双面胶。

2　两侧往中间折叠，粘贴成长条状。

3　接着在步骤2的A布中间再贴上双面胶，两端往中间折叠粘贴。B布做法相同。

4　对齐A布和B布的接缝处叠合。

5　内折布料中心点，将布料折成M形。

6　以QQ线绑好固定中心。

✛✛✛✛✛✛✛✛✛✛✛✛✛✛✛✛✛✛✛✛✛✛✛✛✛✛✛✛✛✛✛✛✛✛✛✛✛✛✛

▶ 装饰蝴蝶结

7　在先染布中间贴上双面胶，左右往中间折叠，粘贴成长条状。

8　用先染布遮盖住缠绕QQ线处后，从背面内折缝份0.5cm，以卷针缝固定。

9　依个人喜好缝上小木珠与钱币作为装饰（共制作3个蝴蝶结）。

10　蝴蝶结两端尖角以卷针缝固定单C圈。

11　蜡绳先穿入数颗小木珠，与2条仿牛皮绳为一组，以项链头夹住绳头即完成。

30cm的碎布就OK!

防水布口罩

有了这款防水布口罩，即便遇上必须穿着雨衣骑车的
下雨天，也不用担心嘴巴被淋湿了。

制作方法 ✛✛✛

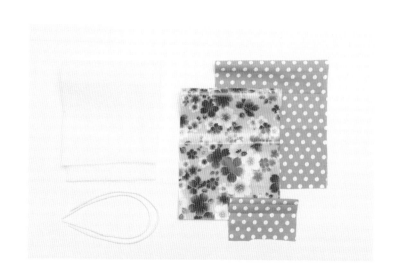

主要材料

单胶铺棉（16cm×30cm）……1片
防水布（16cm×30cm）……1片
里布（16cm×30cm）……1片
绑绳挡布（7.5cm×4cm）……2片
松紧带（长30cm）……2条

❖ 原大尺寸纸型在附录纸型A面

1 依纸型剪裁正、反2片单胶铺棉，不需留缝份。

2 对折里布，依纸型外加0.7cm缝份后剪裁。

3 将单胶铺棉烫贴于里布背面。

4 车缝连接2片里布中心线后，烫开缝份。

5 里布正面压缝0.2cm线。

6 对折表布，在表布上描绘出纸型后，先车缝中心线。

✛✛✛

7 留出0.7cm缝份后剪裁表布。

8 以手压开缝份，换防水布压布脚，于正面压缝0.2cm线。

9 表布和里布正面相对后车缝，底部要留10cm返口。

10 修剪直角处的缝份。

11 转弯处进行缩缝。

12 从返口翻回正面。

13 距布边0.2cm处压缝一圈。

14 如图烫好绑绳挡布。

15 将挡布放在距离长边1cm处，对齐短边进行车缝。

16 将挡布翻过来，于0.1cm处进行压缝。

17 两侧分别穿入松紧带后打结，再将打结处拉入挡布内即完成。

信封袋

宛如从远方寄来的信件，可以放入手账和笔，还有满满的美好回忆。

制作方法 ✛✛✛✛✛✛✛✛✛✛✛✛✛✛✛✛✛✛✛✛✛✛✛✛✛✛✛✛✛✛✛

设计者
邓美华

主要材料

花布（27cm×27cm）……1片
素布（27cm×27cm）……1片
绣线……1束
纽扣……1颗

1 分别在花布和素布上画出边长25cm的正方形，缺角为腰长5cm的直角三角形；剪裁布料后2片正面相对车缝一圈，返口处不车缝。

2 返口缝份进行疏缝。

3 缝份依车缝线进行折烫，翻回正面后会比较平整漂亮。

4 翻回正面，以藏针缝缝合返口。

5 一角开扣眼，相对另一角处缝上纽扣，要注意纽扣的方向。

6 以绣线进行平针缝作为装饰线。

7 使用绣线进行大针卷针缝缝合袋身，缝好再用力拉平即完成。

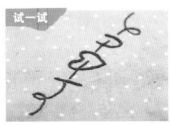

试一试

可在里布内加上刺绣，打开信封时，会更惊喜噢！

✛✛✛✛✛✛✛✛✛✛✛✛✛✛✛✛✛✛✛✛✛✛✛✛✛✛✛✛✛✛✛✛✛✛✛✛✛

手提口金包

胖嘟嘟的手提口金包, 刚好可以装入手机、钥匙、钱包,
午餐时只要拎着它出门就没问题了, 既方便又好用呢!

制作方法 ✛✛✛✛✛✛✛✛✛✛✛✛✛✛✛✛✛✛✛✛✛✛✛✛✛✛✛✛✛✛✛✛✛✛✛

主要材料

袋身表布-点点布（18.5cm×18.5cm）……2片
侧身表布-点点布（18.5cm×21.5cm）……2片
口袋表布-点点布（18.5cm×18.5cm）……1片
里布-格子棉布（50cm×35cm）……1片
滚边条-点点布（3.5cm×15cm）……1条
口布-点点布（38.5cm×14cm）……1条
单胶铺棉〔1/2尺（33cm×55cm）〕……1片
薄布衬〔1/2尺（33cm×55cm）〕……1片
织带（长20cm）……2条
装饰缎带（长20cm）……1条
口金（直径9.5cm）……1副
❖ 原大尺寸纸型在附录纸型A面

设计者
Q妈

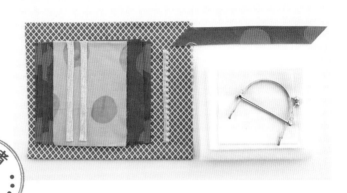

▶ 制作表袋

1　需先粗裁比纸型大约2cm的布片：2片袋身表布、2片侧身表布、2片袋身里布、2片侧身里布。不需粗裁，直接依纸型剪裁1片口袋表布、1片口袋里布、2片口布。

2　袋身表布和侧身表布上分别烫贴单胶铺棉和薄布衬。

3　在薄布衬上依纸型画出正确尺寸（需含缝份）。

4　依线条车出记号线。

5　车线外留0.1cm剪裁（不要剪到车线）。

6　2片侧身表布正面相对后车合，缝份0.7cm。

✛✛✛✛✛✛✛✛✛✛✛✛✛✛✛✛✛✛✛✛✛✛✛✛✛✛✛✛✛✛✛✛✛✛✛✛✛✛

7　对折口布后，车缝两侧（缝份1cm）。

8　翻回正面压线备用。

9　将口布疏缝固定于袋身表布上。

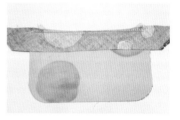

10　口袋表布与里布背面相对。

11　将装饰缎带叠放于步骤10上，三层一起疏缝固定。

12　滚边条与口袋表布正面相对，进行车缝（缝份0.5cm）。

13　将滚边条翻至里侧（内折两折）后，以藏针缝缝合。

14　剪掉两侧多余的滚边条。

15　将步骤14的口袋放置于步骤9的袋身表布上。

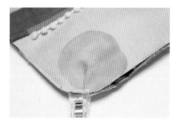

16　在口袋两侧角落处折出0.5cm的活褶（可增加袋底的蓬松度与放置空间）。

17　以疏缝固定。

18　接合袋身表布与侧身表布，缝份0.7cm。

组合

19　缝份两侧以卷针缝固定。

20　里布的做法与表布相同（接合侧身里布→压线→接合侧身里布与袋身里布，缝份皆为1㎝）。

21　表袋与里袋正面相对缝合包口（缝份0.7㎝），侧身处留返口。

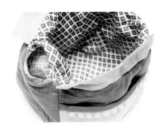

22　从返口翻回正面。

23　以藏针缝缝合返口。

24　包口处缝上织带（缝制于口布与里布的接线处），左右两侧为口金穿入处，不缝合（缝合织带前两侧请先内折1㎝）。

25　旋开单侧口金螺丝后，将口金插入织带中，再将螺丝拧合。

26　打开口金，以缝线将两侧固定于包身上即完成。

多功能挂袋

明信片、信件……总是找不到一个适合收纳的地方，还经常会忘了放在哪里，
那就通通放在椅背上的挂袋里吧，还可以挂在墙上兼具装饰作用噢!

制作方法 ✛✛✛✛✛✛✛✛✛✛✛✛✛✛✛✛✛✛✛✛✛✛✛✛✛✛✛✛✛

设计者
Q妈

主要材料

口袋表布（28cm×18cm）……2片
袋身表布（28cm×28cm）……2片
口袋里布（29cm×18cm）……2片
袋身里布（30cm×30cm）……2片
绑绳布（28cm×3.5cm）……8条
滚边条（30cm×3.5cm）……2条
铺棉……1/2尺（33cm×55cm）
厚布衬……1/2尺（33cm×55cm）

▶ 制作袋身

1　测量出椅背的长度与宽度。

2　粗裁袋身布（与厚布衬）、口袋布（与铺棉）。如果希望比较硬挺，袋身也可使用铺棉（粗裁尺寸比指定尺寸多出约2cm）。

3　口袋表布、铺棉、里布三层叠放。

4　依个人喜好压缝出自由曲线。

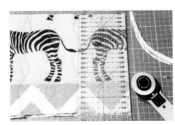

5　以裁布轮刀和方格长尺裁出正确尺寸。

6　如图将滚边条烫折成四折（或直接使用滚边器进行整烫）。

✛✛✛✛✛✛✛✛✛✛✛✛✛✛✛✛✛✛✛✛✛✛✛✛✛✛✛✛✛✛✛✛✛

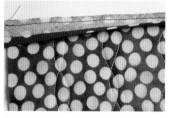

7 滚边条与里布正面相对车缝0.5cm线。

8 滚边条翻回正面压0.1cm线，完成滚边。

9 剪掉多余的滚边条。

试一试

也可以使用棉织带取代滚边条，直接对折包边即可。

10 将步骤9完成的2个口袋放在袋身表布上，缝份0.3cm压线固定。

小提醒

车缝口袋时，口袋布比袋身多出1cm可使完成的口袋更具收纳空间噢！

▶ 制作绑绳

11 将步骤10放在袋身里布上，背面相对，四周压缝0.3cm线固定。

12 用零散的边条布制作绑绳（或直接使用2cm宽的棉织带）。

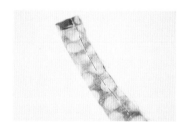

13 一端内折1cm后，正面相对对折，在距侧边0.5cm处车缝一道。

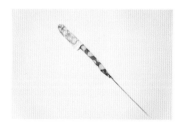

14 使用返里器将绑绳翻回正面。

15 端口再内折1cm后，以手缝缝合端口。

16 先在袋身表布上找出固定绑绳的四个点，将绑绳没有缝合的一端放在四个点处。

17 将袋身里布多出的缝份内折两折盖住表布。

18 先将四个直角处内折两折。

19 再将两侧向内折。

20 四周以藏针缝固定或压缝0.2cm线。

21 绑绳处再压线固定即完成。

相机包

不管是午后的小旅行，还是连续数天的旅程，
带上相机，将沿途的美好的瞬间全都珍藏下来。

制作方法 ✛✛✛✛✛✛✛✛✛✛✛✛✛✛✛✛✛✛✛✛✛✛✛✛✛✛✛✛✛✛✛✛✛✛✛✛

主要材料

袋身表布–麻布防水布（22cm×22cm）……2片
底挡布表布–麻布防水布（14cm×58cm）……1片
袋身单胶铺棉（22cm×22cm）……2片
底挡布单胶铺棉（14cm×58cm）……1片
袋身里布–绿色棉麻布（22cm×22cm）……2片
底挡布里布–绿色棉麻布（14cm×58cm）……1片
里口袋布–小花棉布（22cm×26cm）……1片
布提带–小花棉布（24cm×7cm）……1条
袋口滚边条–小花棉布（66cm×5.5cm）……1条
皮袋盖–绿色小牛皮（18cm×14cm）……1片
皮提带–绿色小牛皮（24cm×7cm）……1条
磁扣皮片–绿色小牛皮（1.5cm×7cm）……4片
白色蕾丝片……1片
插扣……1组
心形磁扣……2组

❖ 原大尺寸纸型在附录纸型A面

设计者
Miki

1 在袋身表布上贴缝蕾丝片，并装上插扣。

2 在底挡布表布的两端疏缝上皮片和磁扣。

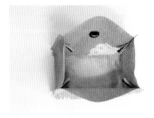

3 缝合2片袋身表布与底挡布表布。

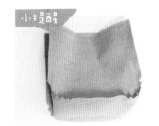

先在转弯处剪牙口，翻回正面时会更平整。

4 将袋身翻回正面，将布提带缝在皮提带上，然后将提带疏缝在袋身上。

5 皮袋盖先钉上插扣，再疏缝于提带上。

✛✛

6　分别在2片袋身里布与底挡布里布背面烫上单胶铺棉，进行压线。

7　在袋身里布上缝里口袋。

8　缝合2片袋身里布与底挡布里布。

9　将里袋套入表袋（背面相对）进行疏缝。

10　将袋口滚边条套在袋身（正面相对）上，车缝一圈1.2cm线。

11　将滚边条往里袋折叠后，进行贴缝即完成。

旅行护照夹

通往世界各地的通行证,全放入这个小夹子内,
轻轻拎在手上,心也立刻飞向目的地了。

制作方法 ✛✛✛✛✛✛✛✛✛✛✛✛✛✛✛✛✛✛✛✛✛✛✛✛✛✛✛✛✛✛✛✛

主要材料

表布A-娃娃布（12cm×23cm）……1片
表布B-皮片（7cm×23cm）……1片
表布C-花布（23cm×4.5cm）……4片
单胶铺棉（12cm×23cm）……2片
里布-粉红素布（27cm×23cm）……1片
口袋皮片（14cm×15cm）……1片
左侧口袋布-紫色小花布（14cm×23cm）……2片
右侧拉链口袋布-绿色点点布（14cm×23cm）……4片
卡片袋上片-红色小花布（7.5cm×23cm）……1片
卡片袋下片-蓝色小花布（6.5cm×23cm）……1片
装饰蕾丝（2.5cm×7cm）……1条
格子斜布条（4.5cm×90cm）……1条
拉链（长20cm）……1条
磁扣皮片（1.5cm×8.5cm）……1片
粉红色磁扣……1组
透明卡片（10cm×11cm）……1片
❖ 原大尺寸纸型在附录纸型A面

设计者 Miki

▶ 制作配色布

1 接缝4片表布C布条，将装饰蕾丝缝在表布B上。

2 表布A和表布C背面烫上单胶铺棉。

3 将步骤2完成的布片依序接缝即完成表布。

▶ 制作夹层口袋

4 表布正面进行压线并钉上磁扣。

5 表布与里布正面相对，留出返口车缝一圈，从返口翻回正面。

6 将透明卡片缝在口袋皮片上，然后用2片左侧口袋布夹缝口袋皮片。

✛✛✛✛✛✛✛✛✛✛✛✛✛✛✛✛✛✛✛✛✛✛✛✛✛✛✛✛✛✛✛✛✛✛

7 在右侧拉链口袋布上车缝拉链。

8 卡片袋上、下片叠放于步骤7上后进行疏缝。

9 对折后进行疏缝。

▶组合

10 取出步骤5完成的袋身，左边疏缝上步骤6的护照口袋，右边疏缝上步骤9的拉链口袋。

11 将装有磁扣的皮片疏缝于表布上。

12 格子斜布条与表布正面相对，车缝一圈1cm线。

13 内折斜布条后贴缝即完成。

时尚鱼篓口金包

多用一点巧思，就能让小碎布"蜕变"成动人的作品。
在包口处加个铝制口金，又是另一种崭新的氛围呢！

制作方法 ✛✛✛✛✛✛✛✛✛✛✛✛✛✛✛✛✛✛✛✛✛✛✛✛✛✛

主要材料

表布-小花布片（14cm×14cm）……24片

里布-紫色棉布（60cm×100cm）……1片

洋裁衬（60cm×100cm）……1片

单胶铺棉（60cm×100cm）……1片

口金布-紫色棉布（43cm×7cm）……2片

洋裁衬（43cm×7cm）……2片

贴式口袋布-紫色棉布（35cm×30cm）……1片

洋裁衬（35cm×30cm）……1片

一字形拉链口袋布-紫色棉布（21cm×35cm）……1片

洋裁衬（21cm×35cm）……1片

铝制口金（27cm）……1副

提手……1组

铜环皮片……1组

拉链（长16cm）……1条

1 依图示排列布片。

2 横向布片依序接合，缝份0.7cm，奇数列缝份倒向右侧，偶数列缝份倒向左侧。

3 列与列相互接合，烫开缝份，表布背面铺上单胶铺棉、洋裁衬，用熨斗烫合，再进行压线。

4 修剪多余的单胶铺棉与洋裁衬，将铝制口金放在包口两侧。

5 依口金弧度修剪多余布料。

6 里布依表布实际尺寸剪裁。

✛✛✛✛✛✛✛✛✛✛✛✛✛✛✛✛✛✛✛✛✛✛✛✛✛✛✛✛✛✛✛✛

7　口金布两端内折1cm，进行整烫，在正面车缝0.7cm固定线后，于7cm宽处背面相对对折整烫。

8　将口金布疏缝于表布包口两侧（弧度处），布边对齐。

9　对折贴式口袋布（底部布边不要平行，需有0.5cm落差）。

10　两侧边车缝0.7cm线，翻回正面，整烫袋口处，车缝1cm装饰线。

11　于口袋正面（多0.5cm面）画出中心点，分别向两侧2cm标出记号线，再在距左侧边3cm处标出记号线，分别整烫记号线再车缝0.1cm固定线。

12　在里袋身其中一侧包口下方26cm处标出记号线。

13　口袋背面朝上，底部对齐步骤12中的记号线，车缝0.5cm线。

14　将口袋向上翻回正面，车缝口袋中心线、侧边和底部。

15　一字形拉链口袋布短边下方3cm处，画出16.5cm×1cm的长方形，对齐里袋身另一侧包口下方11cm处中心点后，车缝长方形外围线。

16　沿着长方形中心线剪裁，两侧剪出V形。

17　如图将口袋布翻入内部后进行整烫。

18　拉链两侧粘上水溶性胶带，黏合于拉链开口处。

19 翻到背面，上折拉链口袋布，对齐拉链下方。

20 翻回正面，车缝拉链下方0.1cm固定线。

21 翻回背面，反折拉链口袋布整烫后，对齐拉链上方。

22 翻回正面，车缝拉链∩形，背面车缝固定拉链口袋布两侧。

23 表布与里布正面相对，两侧包口弧度处车缝0.7cm线。

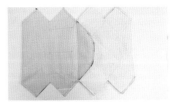

24 分别车缝表布和里布相对的侧边与底部。

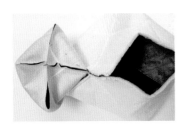

25 侧边鱼口（V形）处角对角拉直后车缝固定，表布和里布做法相同，但袋身里布须留返口。

26 烫开表布缝份后以卷针缝固定。

27 包口缝份倒向表布以卷针缝固定。

28 从返口翻回正面，返口以藏针缝缝合。从包口中心向两侧7cm处缝上提手，铜环皮片缝于两侧边。

60cm的布片就OK!

小公主裙

用柔软的二层纱制作出衣领造型，再加点巧思与设计，
擦手巾立刻成为一件让人爱不释手的小公主裙。

制作方法 ✛✛✛✛✛✛✛✛✛✛✛✛✛✛✛✛✛✛✛✛✛✛✛✛✛✛✛✛✛✛✛✛✛✛

主要材料

二层纱方巾（60cm×60cm）……2片

蕾丝……少许

缎带……少许

花片……少许

珠子……少许

相片胶……少许

❖ 原大尺寸纸型在附录纸型A面

▶ 制作领子

1　依纸型画出领子线条后进行车缝，要留5~7cm的返口。

2　加0.7cm缝份后剪裁。

3　转弯处剪牙口。

4　翻回正面，以藏针缝缝合返口。

先疏缝固定返口处，再翻回正面，进行藏针缝时会更顺手。

5　依个人喜好缝上花片与珠子装饰即完成领子。

✛✛✛✛✛✛✛✛✛✛✛✛✛✛✛✛✛✛✛✛✛✛✛✛✛✛✛✛✛✛✛✛✛✛✛✛✛✛

制作上衣与裙片

6 2片正面相对车缝领口，留缝份0.7cm后剪掉多余的缝份，转弯处剪牙口。

7 将其中一片布穿过领口的洞口，翻回正面。

8 缩缝裙片。

组合

9 车合裙片与上衣。

10 车缝袖口，转角处剪牙口。

11 将相片胶涂在领子前后，固定于衣服上。

制作装饰

12 从肩部串珠，缝成一条项链。

13 在项链上缝蝴蝶结作为装饰。

14 用相片胶将蕾丝黏合于袖口。

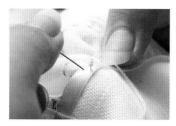

15 最后在腰部缝上珠子和缎带即完成。

60cm的布片就OK!

花朵领片

将喜欢的花朵组合出好穿搭的领片图案，
利用覆盖薄布进行贴布缝的技巧，不需要处理布边，
即可增加布面的立体感，让轻透出的颜色带着浪漫的朦胧美感。

制作方法 ✛✛✛✛✛✛✛✛✛✛✛✛✛✛✛✛✛✛✛✛✛✛✛✛✛✛✛✛✛✛

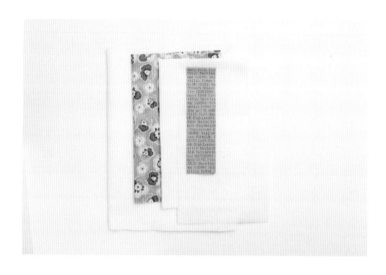

主要材料

铺棉（40cm×50cm）……1片
花布（40cm×50cm）……1片
奇异衬（40cm×50cm）……1片
白色超薄棉布（40cm×50cm）……3片
绿色布（4cm×20cm）……1片

▶ 装饰领片

1 将奇异衬烫贴在花布背面。

2 剪下花朵与叶子图案。

3 撕掉奇异衬，排在领片表布（白色超薄棉布）上，用熨斗烫贴。

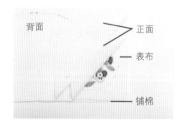

4 2片白色超薄棉布如图叠放，下方放入表布和铺棉。

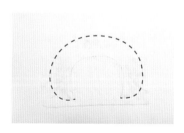

5 车缝领片外侧。

6 领片外侧留0.7cm缝份后剪掉多余的铺棉，领片内侧不需多留缝份。

✛✛✛✛✛✛✛✛✛✛✛✛✛✛✛✛✛✛✛✛✛✛✛✛✛✛✛✛✛✛✛✛

7　从第一层布翻回正面。

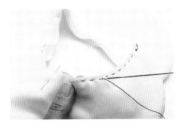

8　领片内侧疏缝固定。

9　在花片周围进行平针压缝。

10　花朵中间缝上珠子装饰。

11　取一条宽3.5cm的滚边条，画出0.7cm缝份线，用珠针固定在领子内侧后进行车缝。

12　滚边条翻至背面包覆缝份。

▶ 滚边收尾

13　折角处多留1cm，如图折叠收尾。

14　以立针缝缝合。

15　以密针缝缝上领钩即完成。

玫瑰抱枕

简简单单就能制作出宛如玻璃彩绘的效果，一层一层往下剪出
想要的配色，惊奇与惊喜掺杂其中，真是有趣极了！

制作方法 ✣✤✣✤✣✤✣✤✣✤✣✤✣✤✣✤✣✤✣✤✣✤✣✤✣✤✣✤✣✤✣✤✣✤

主要材料

咖啡色缎面布（50cm×50cm）······ 2片
三色素色缎面布（50cm×50cm）······ 3片
隐形拉链（长17cm）······1条
枕芯（45cm×45cm）······1个
❖ 原大尺寸纸型在附录纸型B面

▶ 制作表布

1　用复写纸将图稿复写于1片咖啡色缎面布上。

由于缎面布容易滑动，可先用纸胶带粘贴布料，暂时固定于桌面上。

2　将布料按颜色由深至浅的顺序摆放在步骤1的布料下方，再用别针固定四层布料。

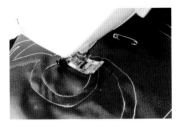

3　从图案中间向外层沿线条进行车缝。

4　一层一层修剪出自己所喜爱的配色组合。

5　修剪背面多余的布料，并多留1cm缝份。

✣✤

▶ 组合

6 表布与后背布正面相对，画出边长45cm的正方形。

7 用珠针固定。

8 沿线车缝一圈，留下拉链口不车缝。

9 留1cm缝份，修剪多余布料后进行拷克。

10 以隐形拉链专用压布脚车缝隐形拉链，车缝时注意两边要对齐。

11 翻回正面，放入枕芯即完成。

水壶提袋

只要有版型，就能自行变化出各种尺寸的水壶提袋，
根据个人喜好选用防水布、保温布、棉麻布等制作，营造出不同氛围。
赶快动手量身定做你的专属水壶提袋吧。

制作方法 ✛✛✛✛✛✛✛✛✛✛✛✛✛✛✛✛✛✛✛✛✛✛✛✛✛✛✛✛✛✛✛✛

主要材料

袋身表布–防水布（27cm×25.5cm）……1片
袋身里布–保温布（27cm×25.5cm）……1片
袋底表布–防水布（直径4.5cm）……1片
袋底里布–保温布（直径4.5cm）……1片
提带布–防水布（27cm×7cm）……1条
纽扣……2颗

测量布料尺寸

宽度

用卷尺量出水壶一周长度后，根据个人喜好加入1到2只手指头松份；袋底的圆形布料直径为：袋身宽度（不含缝份）除以3.14cm。

高度

用卷尺量出水壶高度再加上1cm缝份。

▶ 制作袋身

1 袋身表布与袋身里布正面相对袋口车缝一道，缝份0.7cm。

2 接缝侧身，里布留返口（12~15cm，依作品大小进行调整）。

3 分别在袋底表布和袋底里布上画出中心线。

✛✛✛✛✛✛✛✛✛✛✛✛✛✛✛✛✛✛✛✛✛✛✛✛✛✛✛✛✛✛✛✛✛✛✛✛✛✛

4　袋底表布与袋身表布正面相对疏缝后，车缝一圈（缝份0.7cm）。

5　袋底里布与袋身里布正面相对疏缝后，车缝一圈（缝份1cm）。

6　从返口翻回正面。

7　缝合返口（手缝或压0.2cm线皆可）。

8　将里袋放入表袋中，在袋口处压0.5cm线。

▶ 制作提带

9　将提带布四周内折0.7cm。

10　背面相对对折后，如图压0.2cm线。

11　分别将提带与纽扣缝合于袋身两侧即完成。

暖暖帽

红色的毛料帽子，就像冬日和煦的阳光一般，
以光与热温暖着我的身体与心灵。

制作方法 ✛✛✛✛✛✛✛✛✛✛✛✛✛✛✛✛✛✛✛✛✛✛✛✛✛✛✛✛✛✛✛✛✛✛✛

主要材料

设计者
Miki

包扣（直径4cm）……1颗

羊毛布……少许

复古扣……2颗

帽身表布-红色毛料布（15cm×22cm）……6片

帽身里布-小花棉布（15cm×22cm）……6片

厚布衬（15cm×22cm）……6片

装饰布（各色小碎布）……4片

帽檐布-酒红色皮片（16cm×30cm）……1片

包扣布-红色毛料布（直径5cm）……1片

❖原大尺寸纸型在附录纸型A面

1 将装饰布、羊毛布与复古扣依个人喜好缝合于1片帽身表布上。

2 步骤1装饰完成的帽身表布与另一片帽身表布正面相对车缝一道。

3 依序正面相对接缝第3片帽身表布；另外3片也以相同方式接缝成一个半圆形。

4 将2个半圆车合成1个圆的帽形。

5 边缘处疏缝上帽檐布。

6 帽身里布烫上厚布衬后，以相同方法接缝出帽形。

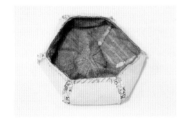

7 将步骤5完成的表布和步骤6完成的里布正面相对套入，车缝一圈，须预留返口。

8 从返口翻回正面后，以藏针缝缝合返口，将包扣缝在帽顶，进行整烫即完成。

注：可随着头型缩放纸型尺寸，缩放比例为：头围÷60＝□，□×100％＝缩放比例。例如：头围57cm时，57÷60＝0.95，缩放比例为：0.95×100％＝95％。

✛✛✛✛✛✛✛✛✛✛✛✛✛✛✛✛✛✛✛✛✛✛✛✛✛✛✛✛✛✛✛✛✛✛✛✛✛✛✛

魔球收纳后背包

上街购物去啰!
宛如魔术师的神奇技法,将一颗球变化成一个可爱的后背包,
收纳时可把玩于手掌心中,摊开后又是一个容量极大的背包。

制作方法 ✛✛✛✛✛✛✛✛✛✛✛✛✛✛✛✛✛✛✛✛✛✛✛✛✛✛✛✛✛

主要材料

前袋身左中下片−花朵尼龙布（11cm×30cm）⋯⋯1片
前袋身右中下片−花朵尼龙布（25cm×30cm）⋯⋯1片
前袋身右片−花朵尼龙布（25cm×35cm）⋯⋯1片
前袋身左片−花朵尼龙布（25cm×35cm）⋯⋯1片
前袋身左中上片−花朵尼龙布（14cm×13cm）⋯⋯1片
前袋身右中上片−花朵尼龙布（14cm×13cm）⋯⋯1片
前袋身上片−花朵尼龙布（24cm×14cm）⋯⋯1片
拉链挡布（2.5cm×5cm）⋯⋯2片
前袋身中片−小草尼龙布（半径11cm）⋯⋯1片
后袋身−小草尼龙布（40cm×45cm）⋯⋯1片
后袋身织带挡片上片（12cm×6cm）⋯⋯2片
后袋身织带挡片下片（7cm×12.5cm）⋯⋯2片
束绳布（36cm×6cm）⋯⋯2片
束绳布挡布（7cm×7cm）⋯⋯2片
拉链（长40cm）⋯⋯1条
细棉绳（长80cm）⋯⋯1条
细棉绳调节扣 ⋯⋯1个
日形环⋯⋯2个
口形环⋯⋯2个
宽2.5cm棉织带（长55cm）⋯⋯2条
宽2.5cm棉织带（长30cm）⋯⋯2条
人字带（长150cm）⋯⋯1条
人字带（长75cm）⋯⋯1条
人字带（长3cm）⋯⋯2条

※以上尺寸为粗裁，实际尺寸以纸型为主。

❖ 原大尺寸纸型在附录纸型B面（已含缝份1cm）

▶ 制作袋身

1 接缝前袋身左中下片和前袋身右中下片，缝份1cm。

2 接缝步骤1与前袋身右片，缝份1cm。

3 接缝步骤2与前袋身左片，缝份1cm。

✛✛✛✛✛✛✛✛✛✛✛✛✛✛✛✛✛✛✛✛✛✛✛✛✛✛✛✛✛✛✛✛

4　接缝步骤3与前袋身左中上片，缝份1cm。

5　接缝步骤4与前袋身右中上片成一个圆形，缝份1cm。

6　缝份处进行拷克。

7　2片束绳布正面相对，车缝固定，缝份倒向两边，两端分别与束绳布挡布正面相对车缝1cm线，转角处剪牙口。

8　翻回正面压0.5cm线。

9　对折步骤8的束绳布成3cm宽，以珠针固定。

10　步骤6的前袋身内圆与步骤9的束绳布布边对齐，以珠针固定。

11　布边处疏缝一圈固定。

12　取出前袋身中片。

13　步骤11的前袋身与前袋身中片正面相对车缝一圈。

14　对折长75cm的人字带，整烫后包覆布边，车缝0.2cm线固定。

15　在长40cm的拉链两端正面分别车缝拉链挡布。

16　对折长3cm的人字带，包覆拉链挡布布边，车缝0.2cm固定线，再于正面压0.2cm线。

▶组合

17　拉链正面上下两侧都贴上水溶性胶带。

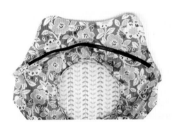

18　将拉链放在前袋身上片与步骤14完成的前袋身下片之间，正面相对，布边对齐，车缝0.7cm线，再翻回正面压0.2cm线。

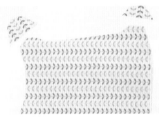

19　将后袋身织带挡片上片与后袋身织带挡片下片疏缝于后袋身背面的四个角。

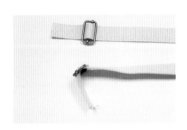

20　将2条长30cm的棉织带分别套入日形环后车缝固定。

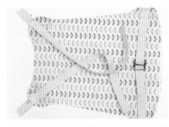

21　将棉织带背面朝上放在后袋身织带挡片上片，长55cm棉织带放在后袋身织带挡片下片，需多出布边5cm，再疏缝固定。

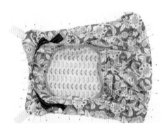

22　前袋身与后袋身正面相对，四周车缝一圈，缝份1cm。

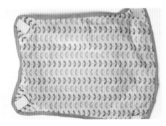

23　将多出5cm的棉织带反折回后袋身，再取长150cm的人字带，对折后包覆四周车缝0.2cm线。

24　反折5cm的棉织带与后袋身车缝固定。

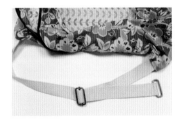

25　将棉织带套入日形环后，末端车上口形环。将细棉绳穿入束绳布中，两端穿入调节扣打结即完成。

可颂牛角包

颜色鲜明、亮眼的美式风格布料,要如何运用呢?
就做成如可颂牛角面包般可爱的外形吧。
让人只看到包身就能回味出品尝可颂牛角面包时的美好时光。

制作方法 ✛✛✛✛✛✛✛✛✛✛✛✛✛✛✛✛✛✛✛✛✛✛✛✛✛✛✛✛✛✛✛

主要材料

前袋身中片表布-美国花布（36cm×25cm）……1片
厚布衬（36cm×25cm）……1片
前袋身左片表布-美国花布（16cm×24cm）……1片
前袋身右片表布-美国花布（16cm×24cm）……1片
厚布衬（16cm×24cm）……2片
后袋身表布-美国花布（50cm×30cm）……1片
厚布衬（50cm×30cm）……1片
袋底表布-美国花布（14cm×60cm）……1片
厚布衬（14cm×60cm）……1片
袋底里布-花布（50cm×30cm）……2片
洋裁衬（50cm×30cm）……2片
袋底里布-花布（14cm×60cm）……1片
洋裁衬（14cm×60cm）……1片
贴式口袋布-花布（41cm×38cm）……1片
洋裁衬（41cm×38cm）……1片
包绳布-斜布条（2.5cm×25cm）……2条
包绳布-斜布条（2.5cm×80cm）……1条
包绳布-斜布条（2.5cm×60cm）……1条

活动扣环挡布（14cm×6cm）……1片
厚布衬（14cm×3cm）……1片
拉链挡布（3.5cm×2.5cm）……4片
拉链（长30cm）……1条
细棉绳〔7尺（231cm）〕……1条
人字带〔2尺（66cm）〕……1条
高级活动扣环……1组
提手……1组

※以上尺寸为粗裁，实际尺寸以纸型为主。

❖ 原大尺寸纸型在附录纸型A面（已含缝份0.7cm）

❧ 制作表袋

1 分别在前袋身左片表布与前袋身右片表布上车缝包绳，并将细棉绳两端剪短1cm再车缝固定。

2 将前袋身左片表布、前袋身中片表布、前袋身右片表布分别车缝固定，缝份0.7cm。

3 缝份倒向前袋身中片表布，整烫后正面车缝0.1cm装饰线。

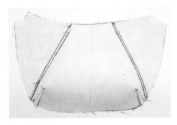

4 分别将前、后袋身表布和里布共4片，依纸型打褶线记号车缝固定，褶子倒向中间。

5 前袋身表布侧边袋口下方2.5cm处车缝包绳。

6 袋底表布一侧车缝上包绳至止点处即可。

✛✛✛✛✛✛✛✛✛✛✛✛✛✛✛✛✛✛✛✛✛✛✛✛✛✛✛✛✛✛✛✛✛

制作里袋

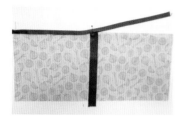

7　对折贴式口袋布38cm边，先剪20cm长人字带置于中心线处，再剪一段41cm长人字带，对折烫好车袋口处车缝0.2cm装饰线。

8　将步骤7完成的贴式口袋对齐袋身里布，再于中心线的人字带上距两侧0.2cm处车缝固定线。

9　修剪口袋多余的布料，疏缝固定口袋和里布。

10　取2片拉链挡布，正面相对夹车于长30cm拉链的两端，再翻回正面压0.3cm线。

11　取1片活动扣环挡布，6cm边对折车缝0.5cm及1cm固定线。

12　将步骤11的活动扣环挡布平分成7cm后剪成两段，再对折车缝固定，做成扣环带。

组合表袋与里袋

13　袋身表布和里布分别夹车30cm拉链两侧，翻向正面整烫并压0.2cm线。

14　后袋身表布与袋底表布（车缝包绳边）车缝至止点处。

15　袋底表布另一侧与前袋身表布车缝至止点处，再将前、后袋身表布侧边车缝固定。

16　袋身里布和袋底里布车合做法相同，但袋底处须留返口15cm。

17　将步骤12完成的扣环带置入表布的30cm拉链两端，再与里布一起车缝固定。

18　从返口翻回正面，以藏针缝缝合返口，将提手套入活动扣环，再套入扣环带即完成。

1码布料就OK!

水果锅垫

不需动用针线,只需一个穿带器和一种针法就能轻松完成,
垫上颜色鲜艳的锅垫,更能为料理加分噢!

制作方法 ✦✦✦✦✦✦✦✦✦✦✦✦✦✦✦✦✦✦✦✦✦✦✦✦✦✦✦✦✦✦✦✦✦✦

主要材料

针织布……1码（90cm×110cm）

（裁成宽3cm的布条）

绿色长毛布（长10cm）……1条

记号圈……1个

穿带器……1个

钩织图

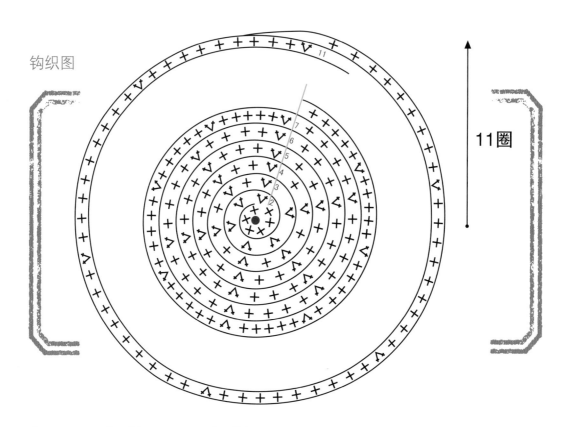

11圈

1 用穿带器夹住针织布条的一端。　2 在布条中间打结并留一个小洞。

▶ 针法

3 将穿带器穿入洞中，右边布条往左后方绕，拉出穿带器，即完成1针。

4 第1圈在同一个洞中织6针。

5 进入第2圈前，要记得套入记号圈。

6 第2圈每一个洞织2针，共织12针。

7 第3圈第1个洞织2针，第2个洞织1针，一直重复，共织18针。

8 第4圈第一个洞织2针，第2个和第3个洞织1针，一直重复，共织24针。

9 依钩织图织完11圈。

◢ 收线技巧

10 收线时，穿带器从后往前穿入3次，在背面穿入钩织的布料，可多绕几针再剪断。

11 穿入绿色布条后打结，做成装饰即完成。

接布技巧

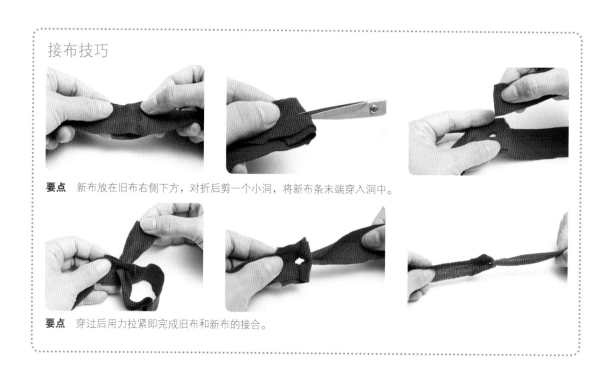

要点 新布放在旧布右侧下方，对折后剪一个小洞，将新布条末端穿入洞中。

要点 穿过后用力拉紧即完成旧布和新布的接合。

裂布提篮

利用剩布制作提篮,平放时看起来像平面织物,提起来就变成了立体的篮子,
是一款好用又好收纳的布提篮。

制作方法

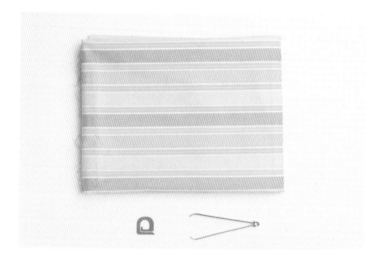

主要材料

条纹针织布……1码（90cm×110cm）

记号圈……1个

穿带器……1个

钩织图

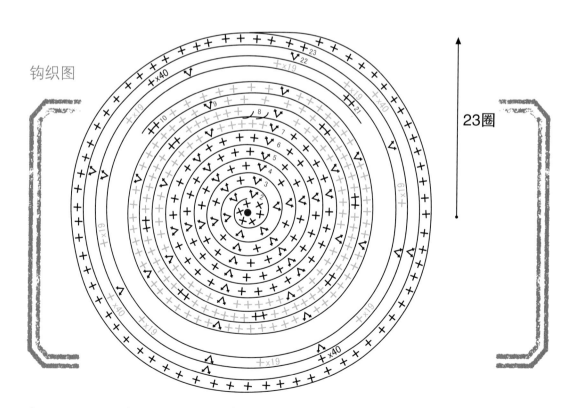

23圈

1　前六圈的做法同锅垫（请参阅p120）。第7圈即是钩织图上黑色V字2针处，与前一圈缝在一起的固定针。

2　制作蓝色十字图，做法为不穿过第6圈的分离针。

3　前一圈空3针，织一次固定针，制作8组分离的环。

4　第8圈卷线2针（只有这个位置有此步骤，可借此错开环的位置）。

5　依钩织图制作第8圈，织分离针6针。

6　依钩织图制作第9圈，分离针有7针，之后按照钩织图进行。

制作提手

7　第22圈为提手位置，40针固定针加40针分离针，重复2次。

8　第23圈与第22圈针数相同，再重复一次，即可使提手加粗，让篮子提起来感觉比较牢固。

9　完成提手后从后往前卷缝至固定针处。

10　收线时布条被反复穿入作品内，剪断即完成。

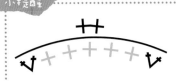

要点　当是奇数圈时，固定针在中间那一针的左右各织1针。

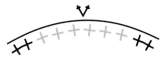

要点　当是偶数圈时，固定针在正中间的洞口处织2针。

围巾

微凉的春天，
我亲手在你的围巾上绣上专属的英文字母，
希望给你温暖的呵护。

制作方法 ✛✛✛✛✛✛✛✛✛✛✛✛✛✛✛✛✛✛✛✛✛✛✛✛✛✛✛✛

主要材料

二层纱水玉点点布〔1码（90cm×
110cm）〕……1片
宽版蕾丝（长180cm）……1片
白色绣线……1束
蕾丝花片……1个
珠子……1颗

1 将二层纱点点布裁成2片
55cm×90cm后，2片布车缝成长
180cm的布条，缝份拷克后倒向单
边并压线固定。

2 用珠针固定蕾丝后车合。

3 将图案复写到需刺绣的位置。

4 以轮廓绣填满字母图案。

5 接着缝上蕾丝花片和珠子，并以
雏菊绣针迹进行装饰。

6 对折围巾（正面相对）后车缝一
圈，缝份1cm，留10cm返口。

7 拷克边缘。

8 从返口翻回正面。

9 先折好角落处再翻面，形状会比
较漂亮。

10 以藏针缝缝合返口即完成。

✛✛✛✛✛✛✛✛✛✛✛✛✛✛✛✛✛✛✛✛✛✛✛✛✛✛✛✛✛✛✛✛✛✛✛✛

托特包

基本款的托特包,超级好搭。还可放入A4纸大小的物品,
是上班族必备的包款之一。

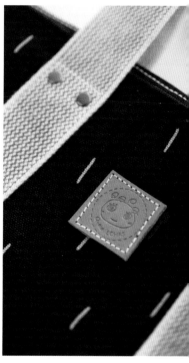

制作方法 ✛✛✛✛✛✛✛✛✛✛✛✛✛✛✛✛✛✛✛✛✛✛✛✛✛✛✛✛✛✛✛✛

主要材料

袋身表布-蓝色帆布（39cm×39.5cm）……2片
袋底表布-蓝色帆布（31cm×18cm）……1片
口袋布-素色布（24cm×40cm）……1片
袋口表布-蓝色帆布（5cm×26cm）……2片
袋口里布-素色布（5cm×26cm）……2片
袋身里布-素色布（39cm×31cm）……2片
袋底里布-素色布（31cm×18cm）……1片
厚布衬〔2尺（66cm×110cm）〕……1片
宽4cm棉织带〔7.4尺（244.2cm）〕……1条
拉链（长20cm）……1条
拉链（长45cm）……1条
装饰皮片……1组

※表布使用8号帆布，不需要贴衬，但若使用
棉布就需要贴厚布衬。

❖ 原大尺寸纸型在附录纸型B面（需外加1cm
缝份）

▶ 制作提手

1 将棉织带截成2条后，在棉织带
上画出中心点后，再分别往两侧
5.5cm处标上记号点。

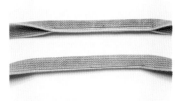

2 如图对折棉织带，在距边缘
0.2cm处缝合织带。

3 棉织带背面贴上双面胶（距边缘
0.5cm，可避免车缝时粘针）。

4 依纸型标示位置将棉织带黏合于
袋身表布，压0.2cm线固定。

5 以铆钉工具在记号处打洞。

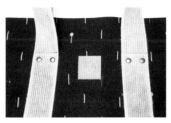

6 从正面装入公扣，背面套上母
扣，再以工具敲打至密合状。若有
喜欢的皮片，也可以车合于表布正
面作为装饰。

✛✛✛✛✛✛✛✛✛✛✛✛✛✛✛✛✛✛✛✛✛✛✛✛✛✛✛✛✛✛✛✛✛✛✛✛✛✛

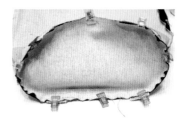

7　45cm拉链两侧也可用皮片铆钉接合。

8　2片袋身表布正面相对接缝两侧，缝份1cm。

9　袋身表布与袋底表布接合，缝份1cm。

▶ 制作口袋

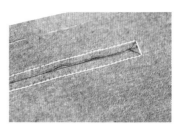

10　袋身里布和口袋布正面相对，依纸型画出一字形拉链位置。

11　沿标记线车缝一圈。

12　剪开中线，两侧剪出约1cm的V形，注意不要剪到缝线。

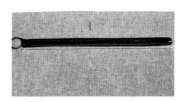

13　将口袋布翻入内部后，烫整拉链开口（约20.5cm×1cm的长方形）。

14　在20cm拉链的两侧边处贴上布作专用水溶性胶带后，黏合于步骤13的拉链开口处。

15　在拉链下方约0.2cm处车缝一道。

16　将口袋布上折，对齐上方口袋布。

17　翻回正面，车缝冂形。

18　翻回背面，车缝口袋布两侧即完成一字形拉链口袋。

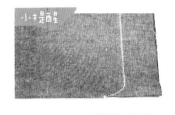

将口袋角落处车缝成曲线，使用时不容易卡入碎屑。

▶ 制作袋口布

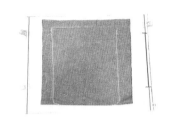

19 2片袋身里布正面相对，车缝两侧（缝份1cm），并留下一个约20cm的返口不车缝。

20 接合袋身里布和袋底里布，缝份1cm。

21 袋口表布与45cm拉链正面相对，袋口里布正面对拉链背面。

22 两端内折0.7cm（表布、里布都要折起来），夹车拉链。

23 翻回正面进行整烫（若使用塑钢拉链，熨斗温度不可过高，否则拉链可能会熔化）。

▶ 组合

24 冂形压0.2cm线。

25 将里袋套入表袋（正面相对）后，用弹力夹固定袋口。

26 将袋口布的正面朝上，夹入步骤25的袋口后，3片一起车缝一圈，缝份1cm。

27 从里布的返口翻回正面后，以藏针缝缝合返口。

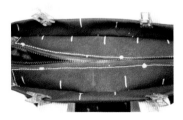

28 整烫袋子后，依纸型抓出袋口的反折尺寸。

29 袋口压一圈0.5cm装饰线即完成。

斜背旅行包

背着桃红色的旅行包，带着宛如魔女修行般的心情与黑猫做伴，
看看美丽的风景，幸会可爱的人们，当然还要品尝各地的美味料理呀!

制作方法 ✛✛✛✛✛✛✛✛✛✛✛✛✛✛✛✛✛✛✛✛✛✛✛✛✛✛✛✛✛✛✛✛

主要材料

袋身表布－帆布（37cm×30cm）……2片
袋身里布－小花棉麻布（37cm×30cm）……2片
底挡布表布－帆布（45.5cm×14cm）……1片
底挡布里布－小花棉麻布（45.5cm×14cm）……1片
斜背带－帆布（48cm×9cm）……1片
斜背带－小花棉布（7cm×14cm）……9片
外口袋表布－帆布（37cm×23cm）……1片
外口袋里布－小花棉麻布（37cm×23cm）……1片
内口袋表布－帆布（37cm×16cm）……1片
内口袋里布－小花棉麻布（37cm×16cm）……1片
袋口滚边条－小花棉麻布（5cm×86cm）……1条
袋盖－小牛皮（33cm×18cm）……1片
眼形皮片（13cm×7cm）……4片
马蹄形皮带扣固定皮片（2cm×7cm）……1片
椭圆形金属环固定皮片（4cm×7cm）……1片
侧边固定皮片（2cm×5cm）……1片
马蹄形皮带扣……1个
椭圆形金属环（3cm）……1个
皮带……1条
书包扣……1组
蘑菇钉（直径1.1cm）……6组
鸡眼扣（直径0.8cm）……8组
❖ 原大尺寸纸型在附录纸型B面

（设计者 Miki）

▶ 制作表袋

1 在外口袋表布上车缝眼形皮片进行装饰。

2 将外口袋表布和外口袋里布正面相对，如图车缝。

3 翻回正面，袋口处进行压线，并装上书包扣。

✛✛✛✛✛✛✛✛✛✛✛✛✛✛✛✛✛✛✛✛✛✛✛✛✛✛✛✛✛✛✛✛✛✛

4 将步骤3完成的外口袋叠放在袋身表布上进行疏缝。

5 车缝上底挡布表布后，在转弯处剪牙口。

6 取出另一片袋身表布，车缝于步骤5上即完成表袋。

▶ 制作斜背带

7 在袋盖上安装书包扣。

8 将袋盖疏缝于表袋上。

9 将9片小花棉布接缝成一长条。

10 分别将小花布斜背带和帆布斜背带的两侧向中间内折。

11 将小花棉布车缝于帆布上。

12 将斜背带一端疏缝于底挡布表布的袋口处。

▶ 制作里袋

▶ 组合

13 将内口袋车缝于袋身里布上。

14 车合袋身里布与底挡布里布。

15 把里袋放入表袋（背面相对），袋口处疏缝一圈。

16 将袋口滚边条套在袋身上（正面相对），车缝一圈1cm线。

17 内折滚边条后进行贴缝。

18 袋口另一侧钉上马蹄形皮带扣，斜背带另一端钉上椭圆形金属环。

19 在皮带上钉上鸡眼扣孔后，固定在斜背带的椭圆形金属环上。

20 将斜背带扣入皮带扣里，接着插入侧边固定皮片内即完成。

苹果包

柔软的格纹灯芯绒布，配上时尚的黑色皮革布，百分百抢眼；
再辅以内袋设计，散发出小女孩的甜美气息。

制作方法 ✜✛✜✛✜✛✜✛✜✛✜✛✜✛✜✛✜✛✜✛✜✛✜✛✜✛✜✛✜✛✜✛✜✛

主要材料

前、后袋身中片表布-格纹灯芯绒布（30cm×30cm）……2片

厚布衬（30cm×30cm）……2片

前、后袋身左片和右片表布-格纹灯芯绒布（15cm×30cm）……4片

厚布衬（15cm×30cm）……4片

袋底表布-格纹灯芯绒布（16cm×30cm）……1片

厚布衬（16cm×30cm）……1片

侧身表布-格纹灯芯绒布（24cm×24cm）……2片

厚布衬（24cm×24cm）……2片

侧身贴边-格纹灯芯绒布（22cm×6cm）……2片

厚布衬（22cm×6cm）……2片

拉链口布-格纹灯芯绒布（66cm×17cm）……1片

厚布衬（66cm×17cm）……1片

袋身贴边-格纹灯芯绒布（46cm×6cm）……2片

厚布衬（46cm×6cm）……2片

袋底滚边条（4cm×80cm）……1条

袋底里布-印花布（16cm×30cm）……1片

厚布衬（16cm×30cm）……1片

袋身里布-印花布（50cm×25cm）……2片

厚布衬（50cm×25cm）……2片

侧身里布-印花布（18cm×18cm）……2片

厚布衬（18cm×18cm）……2片

一字形口袋布-印花布（17cm×31cm）……1片

洋裁衬（17cm×31cm）……1片

拉链口布-皮革布（66cm×16cm）……1片

提手挡布-皮革布（5cm×6cm）……4片

流苏布条（11cm×5.5cm）……1片

袋身滚边条（2cm×102cm）……2条

拉链（长55cm）……1条

提手……1组

流苏头……1个

铆钉……32组

单面盖式磁扣……2组

※以上尺寸为粗裁，实际尺寸以纸型为主。

❖原大尺寸纸型在附录纸型A面和B面（含缝份0.7cm）

▶ 制作袋身

1 分别在前、后袋身中片表布下方折叠出褶子后疏缝固定。

2 将步骤1与前、后袋身左片和右片表布，以点对点车缝0.7cm线固定。

3 缝份倒向中间，正面压0.5cm线固定，以相同做法制作2片。

4 袋身里布与袋身贴边正面相对，车缝0.7cm线。

5 缝份倒向下侧，正面压0.2cm线，并疏缝固定下方褶子。

6 在一字形口袋布中心下方3cm处画出口袋开口位置。

✜✛

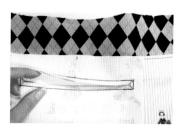

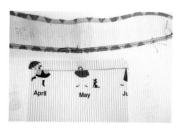

7 如图将口袋布与袋身里布正面相对，车缝口袋开口位置。

8 沿中心线剪出Y形牙口。

9 口袋布自牙口处翻回背面，口袋布向下折1cm。

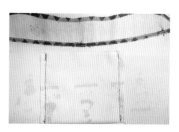

▶ 制作侧身和袋底

10 口袋布上折，两侧车缝0.7cm线。

11 翻回正面口袋口处，以落针缝缝∩形固定。

12 侧身里布与侧身贴边正面相对，中心叠合，车缝0.7cm线。

13 缝份倒向下侧后，正面压0.2cm线，制作2组。

14 步骤13与侧身表布正面相对，车缝上方0.7cm线。

15 在侧身表布正面中心下方4cm处固定磁扣（凹扣），制作2片。

16 袋身表布与袋身里布背面相对，疏缝0.3cm线固定，制作2片。

17 步骤16与步骤15由下往上对齐，疏缝0.3cm线固定。

18 步骤17与步骤16的另一片袋身疏缝固定。

▶制作拉链口布

19 袋底表布与袋底里布背面相对疏缝0.3cm线固定。

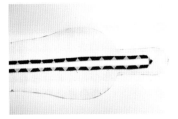

20 在格纹灯芯绒拉链口布背面画出55cm拉链位置，剪出Y形牙口，以水溶性胶带粘贴固定。

21 皮革拉链口布也以相同做法固定。

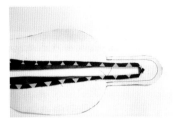

22 2片拉链口布（步骤20与21）正面相对，两端车缝U形，缝份0.7cm。

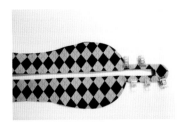

23 翻回正面，稍作整烫，刮平缝份。

24 将拉链置入拉链口布，压一圈0.2cm线（皮革面朝上压线）。

▶组合

25 如图拉链口布（拉链头朝上）与袋身疏缝一圈。

26 拉链口布与袋身一起进行滚边（换上皮革压布脚，涂上矽利康润滑剂），压0.2cm线。

27 接合袋身与袋底（正面相对），袋底滚边1cm车缝固定，另一侧以藏针缝固定。

28 翻回正面，装上提手即完成。

附录 零码布的收纳方法 ▷ ▷ ▷

**设计者
邓美华**

收纳拼布布片 ▶▶▶

将手边多余的零碎布料，修剪成拼布所需的布片大小，再收纳在小木盒中，需要用时直接拿取就可以了。

◀◀◀ **收纳大布条**

将稍大的布片裁切成经常要用到的大布条，再依序收纳于纸盒中。需要用作滚边条时，直接从纸盒中取用就可以了。

**设计者
许心亚**

收纳畸零布

不知道如何使用的畸零布，先全部摆放在竹篮中，制作布杂货时就可以从中寻找合适的素材了。

收纳小布边

裁切布料时多余的细小布边，全部集中收纳于书柜下方的抽屉中，就不怕因为收纳小碎布而弄乱其他布片的摆放空间了。

设计者
Miki

收纳图案布 ▶▶▶

使用相册收纳喜爱的图案布，将图案布
当作照片摆放在相册中，需要用时只要
翻开相册取出合适的布片就行了！

◀◀◀ 收纳小碎布

利用糖果罐或果酱罐等透明瓶罐来
收纳小碎布，依照颜色分别收纳，
不仅用起来方便，也具有很好的装
饰效果呢！

设计者
古依立

立体收纳法 ▶▶▶

先依照布料尺寸分类，折成片状，再将其
立起来放入抽屉内，不仅节省空间，而且
找寻布料更加容易方便。

◀◀◀ 夹链袋收纳法

将30cm以下的畸零布整理整齐后，放入透明
的夹链袋中，如果数量较多，还可以再依照
颜色或形状进行分类。

设计者
翁羚维

折叠收纳法 ▶▶▶

将碎布裁切成5cm×5cm或10cm×10cm的布片后，依照布料的大小、材质放入收纳盒中，事先多花一点时间做好分类，日后要寻找适合使用的布料，就会更加轻松了。

◀◀◀ 滚筒收纳法

用完纸巾后，留下圆柱形的纸筒，作为长条布边或缎带、蕾丝带等长条装饰配件的收纳工具，既省钱又好用。

设计者
Q妈

◀◀◀ 收纳编织带

在细棍上卷绕长条的布边或棉织带等，并以厚纸板隔开，任何宽度的布条都能轻松收纳，取用也很方便呢！

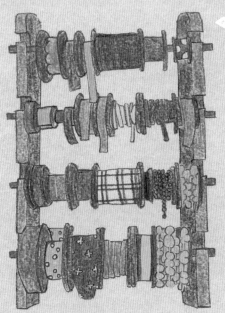

标示收纳法 ▶▶▶

在家里多余的边角处放上市售的收纳柜，再依个人使用习惯对布料进行分类，并在抽屉外侧贴上标示收纳物的标记，让碎布收纳整齐又一目了然。

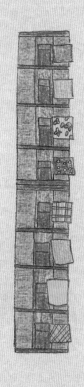

图书在版编目（CIP）数据

布作迷必备的零码布活用指南书 / Miki等著.—郑州：河南科学技术出版社，2014.10

ISBN 978-7-5349-7241-6

Ⅰ.①布… Ⅱ.①M… Ⅲ.①布料－手工艺品－制作－指南 Ⅳ.①TS973.5-62

中国版本图书馆CIP数据核字（2014）第204518号

出版发行：河南科学技术出版社
    地址：郑州市经五路66号　　邮编：450002
    电话：（0371）65737028　　65788613
    网址：www.hnstp.cn

策划编辑：李　洁

责任编辑：孟凡晓

责任校对：耿宝文

责任印制：张艳芳

印　　刷：北京盛通印刷股份有限公司

经　　销：全国新华书店

幅面尺寸：190 mm×260 mm　　印张：9　字数：130千字

版　　次：2014年10月第1版　　2014年10月第1次印刷

定　　价：39.80元

如发现印、装质量问题，影响阅读，请与出版社联系并调换。